高职高专电子商务专业系列教材

网店美工项目实战教程

主　编　杨亚萍　殷红梅

副主编　高振清　郑广成　汪小霞　黄艳　李刚

西安电子科技大学出版社

内 容 简 介

本书通过 30 多个具有典型性的精美案例,由浅入深、循序渐进地介绍了网店中店招与导航、首屏海报、收藏区、客服区、主图、详情页以及综合首页等模块的装修设计方法。本书技术实用,案例丰富,讲解清晰,可帮助读者掌握网店美工的技能要点,了解网店美工所需具备的素质素养。

本书可作为职业院校电子商务及相关专业的教学用书或参考用书,也可作为网店美工、网店经营者的自学参考书以及企业的培训用书。

图书在版编目(CIP)数据

网店美工项目实战教程 / 杨亚萍,殷红梅主编. 一西安:西安电子科技大学出版社,2021.1
ISBN 978-7-5606-5942-8

Ⅰ. ①网… Ⅱ. ①杨… ②殷… Ⅲ. ① 网店-设计-教材 Ⅳ. ①F713.361.2

中国版本图书馆 CIP 数据核字(2021)第 002052 号

策划编辑 秦志峰
责任编辑 郑瑞环 阎彬
出版发行 西安电子科技大学出版社(西安市太白南路 2 号)
电 话 (029)88242885 88201467 邮 编 710071
网 址 www.xduph.com 电子邮箱 xdupfxb001@163.com
经 销 新华书店
印刷单位 陕西精工印务有限公司
版 次 2021 年 1 月第 1 版 2021 年 1 月第 1 次印刷
开 本 787 毫米×1092 毫米 1/16 印 张 12.5
字 数 291 千字
印 数 1~2000 册
定 价 58.50 元
ISBN 978-7-5606-5942-8 / F

XDUP 6244001-1

***** 如有印装问题可调换 *****

前　言

随着电子商务的迅猛发展，越来越多的企业和个人在网上开店销售各类产品。在诸多电商平台竞争激烈的网购市场中，如何让网店脱颖而出？实际上，直接打动访客，激发其购买欲望的，除了商品本身的价格与品质之外，另一个关键因素就是深入人心的网店设计与装修(网店美工)。本书按照网店装修的顺序，以项目化方式带领读者从理论到实战对店铺进行装修美化，以达到吸引访客进入网店浏览、为店铺提升转化率和成交率的目的。

本书分为三篇：基础篇、应用篇和综合篇。基础篇包括项目一，主要介绍网店美工的概念、重要性、必备技能、注意事项及网店美工应具备的思政素养。应用篇包括项目二至项目七，这部分按照网店装修顺序，分模块导入项目，介绍设计要点，详解项目实现过程，再通过拓展项目和课后思考巩固所学内容。综合篇包括项目八至项目十，这部分综合应用网店美工的知识和技能，完成 PC 端网店首页及移动端网店首页、详情页的装修设计。

本书具有如下特色：

1. 校企双元合作开发教学任务和资源

本书多数项目载体来源于电子商务网站、平台和合作企业的真实案例，由企业工程师和专业教师共同将企业化资源加工、转化成教学任务，实现了内容与美工作品融合、教学流程与岗位流程吻合。

2. 融入思政育人元素，弘扬工匠精神

本书将社会主义核心价值观、马克思主义、中华优秀传统文化融入其中，引领学生树立正确的价值观，实现知识传授与价值引领的有机结合。

3. 模式新颖，体系科学，案例丰富

本书根据网店美工与装修的工作流程进行内容组织和筛选，从基础篇到应用篇再到综合篇，先分后总，体系科学。书中共涉及一体化案例 30 多个，契合网店美工岗位的行业标准和工作流程。

4．一体化新形态教材

本书打造一体化新形态教材，配套同步网络学习平台 https://mooc1-1.chaoxing.com/course/214348645.html，其资源包括 PPT 课件、项目案例、实操微课、案例详解、拓展训练等，平台还提供素材下载、同步的作业库以及丰富的试题库，可完成在线考核和评价。读者也可在西安电子科技大学出版社官网获取 PPT 课件、项目素材、源文件等教学资源。

教材中配套二维码，可以扫描书中红色二维码(如：)揭晓拓展案例的实现过程，

扫描蓝色二维码(如：)获得素材。

本书由杨亚萍、殷红梅担任主编，高振清、郑广成、汪小霞、黄艳、李刚任副主编。具体编写分工如下：郑广成、杨亚萍负责拟定编写方向、设计框架体例；企业运营经理李刚拟定编写思路，并提供部分案例及素材；汪小霞负责部分商品图片的拍摄及素材整理；项目一、六、十由殷红梅编写；项目二、三、五、八由杨亚萍编写；项目四、七、九由高振清编写；本书的统稿工作由黄艳完成。

本书内容翔实、结构清晰、实例精美，可作为职业院校电子商务及相关专业的教学用书或参考用书，也可作为网店美工、网店经营者的自学参考书以及企业的培训用书。

由于编者水平有限，书中难免有不足之处，恳请专家、读者批评指正并提出改进建议，编者不胜感激。如果有任何问题，欢迎发送邮件至邮箱 28859678@qq.com，编者将尽力为您答疑解惑。

作者

2020 年 9 月

目　录

基　础　篇

应　用　篇

综 合 篇

1.1　什么是网店美工

在电子商务技术快速发展的时代，网店美工成为一种新兴的职业。其工作范围包括：网店店铺首页装修、宝贝详情页设计、店招与导航设计、宝贝主图/直通车设计、网店宣传海报设计、产品图片处理、广告促销图片设计、产品描述图片处理等。

网店美工可以将网店中传达的视觉信息放大，可以把商品图片处理得更加吸引人，可以结合文字与图片创造吸引人的视觉效果，还能使文本中的商品功能和特点一目了然，从而为店铺提升流量、增加收入。图 1-1-1 所示为美工加工过的广告图片。

图 1-1-1

1.2　网店装修的重要性

开店铺，将店面装修得有特色、美观才能吸引客人。店铺给人的第一印象非常重要。对于网络店铺来说，每一件物品的信息都只能通过视觉来获得，所以网店装修是店铺兴旺的制胜法宝之一。一般来说，经过装修设计的网络店铺更能吸引网上的消费者。

网店设计可以起到品牌识别的作用。对于网络店铺来说，装修设计能为其塑造完美的形象，加深消费者对店铺的印象。网络购物者只能通过网店上的文字和图片来了解产品，好的店铺装修能增加用户的信任感，提高店铺浏览量。如果店铺没有装修，空空荡荡的，就很难激起消费者购物的欲望。总之，店铺装修就是为了让顾客在购物中有良好的体验，从而增加销售额。图 1-2-1、图 1-2-2 所示分别是经过美工装修后的网店首页和详情页。

图 1-2-1

图 1-2-2

1.3　网店装修的必备技能

1.3.1　调整商品图片大小

处理商品图片的第一步就是对图片的大小、格式进行调整，让图片的尺寸、外形和格式等符合网店装修的要求。

在 Photoshop 中可以通过两种方式对图片的大小进行更改。一种是执行"图像"→"图像大小"命令，在"图像大小"对话框中进行图像大小的设置，如图 1-3-1 所示。

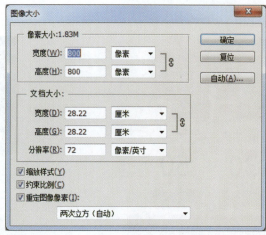

图 1-3-1

另外一种方法是使用裁剪工具裁剪掉图片中多余的部分，从而改变原图片的大小，如图 1-3-2 所示。

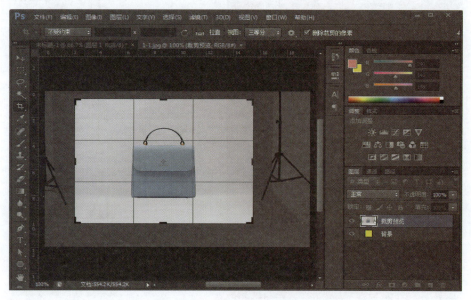

图 1-3-2

1.3.2 校正有色差的商品图片

1. 调整图片的亮度

在商品图片的后期处理中，要先观察图片的整体明暗效果。如果图片明暗度不协调，应通过提高亮度和增强暗调对全图进行调整，让照片趋于正常。在 Photoshop 中可以通过"色阶""曲线"等命令调整商品图片的亮度。

➤ 色阶。在 Photoshop 中可以使用"色阶"命令调整图像的阴影、中间调和高光的强度级别，从而校正图像的色调范围和色彩平衡。该效果可以通过执行"图像"→"调整"→"色阶"来实现，如图 1-3-3 所示。

图 1-3-3

➤ 曲线。在调整商品图片亮度的过程中，"曲线"是一个较为常用的调整命令。可以使用"曲线"命令控制曲线中任一点的位置，在较小范围内调整图像的明暗。该效果可以通过执行"图像"→"调整"→"曲线"来实现，如图 1-3-4 所示。

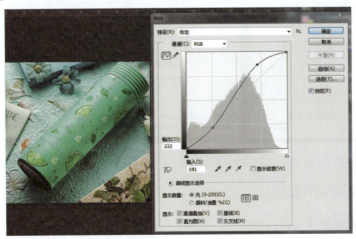

图 1-3-4

2. 照片色彩的调整

由于环境光线的影响或相机参数设置不当，拍摄出来的商品照片色彩会和人眼看到的色彩不同，这种色差会直接影响顾客的购买意愿，因此，需要对商品照片进行色彩校正，让其恢复真实色彩。在 Photoshop 中使用"色彩平衡""色相/饱和度"等命令可以对照片色彩进行调整。

➤ 色彩平衡。使用"色彩平衡"命令可以控制图像的颜色分布，使图像达到色彩平衡的效果。若要减少某个颜色，就增加这种颜色的补色。该效果可以通过执行"图像"→"调整"→"色彩平衡"来实现，如图 1-3-5 所示。

图 1-3-5

➤ 色相/饱和度。"色相/饱和度"可以有针对性地对特定颜色的色相、饱和度和明度进行调整，改变商品照片的颜色，从而获得更加丰富的调色效果。我们可以执行"图像"→"调整"→"色相/饱和度"来实现这种效果。如图 1-3-6 所示，通过调整色相可以将原本黄色的 T 恤调整为红色。

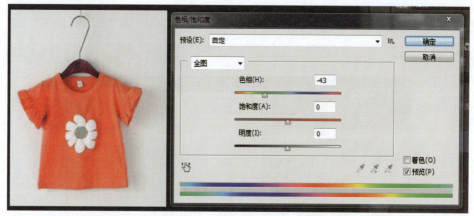

图 1-3-6

1.3.3 美化修饰商品图片

1. 利用图层样式增强特效感

Photoshop 中提供了各种图层样式，如描边、阴影、斜面浮雕、投影、发光等。通过图层样式可以改变图层内容的外观，增加特效感，如图 1-3-7 所示。

图 1-3-7

> 描边：用颜色、渐变或图案在图层上描画对象的轮廓，对于硬边形状或者文字特别有用。
> 阴影：紧靠在图层内容的边缘内添加阴影，使其产生凹陷效果。
> 斜面浮雕：对图层添加高光与阴影的各种组合。
> 发光：在图层内容的外边缘或内边缘添加发光效果。
> 投影：在图层内容的后面添加阴影。

2. 利用图层混合模式制作特殊效果

在 Photoshop 的图层应用中，通过调整图层混合模式可以对图像的颜色进行相加或相减，从而创建出各种特殊效果。各种混合模式分为不同的类别：变暗模式、变亮模式、饱和度模式、差集模式和颜色模式，如图 1-3-8 所示。

正常 溶解	
变暗 正片叠底 颜色加深 线性加深 深色	变暗模式
变亮 滤色 颜色减淡 线性减淡（添加） 浅色	变亮模式
叠加 柔光 强光 亮光 线性光 点光 实色混合	饱和度模式
差值 排除 减去 划分	差集模式
色相 饱和度 颜色 明度	颜色模式

图 1-3-8

常用混合模式效果如下：

(1) 正片叠底模式：将两个同源图层以"正片叠底"的模式混合，图像会以一种平滑非线性的方式变暗，得到的效果像是景物从黑暗中显现，这个特性在某些场合可以帮助用户隐藏背景，如图 1-3-9 所示。

图 1-3-9

(2) 滤色模式：与正片叠底模式正好相反，该模式将图像的"基色"与"混合色"结合起来，产生了比两种颜色都浅的第三种颜色，如图 1-3-10 所示。该模式其实就是将"混合色"的互补色与"基色"复合，结果色总是较亮的颜色。用黑色过滤时颜色保持不变，用白色过滤时将产生白色。

图 1-3-10

1.3.4　创意文字应用

文字是视觉传达不可或缺的部分。为了让买家了解更多的商品信息，通常需要在页面中适当地添加文字。在 Photoshop 中，可以利用文字工具和图层样式等功能，轻松制作出满足网店装修设计需求的文字效果。实际操作中，可以通过以下方法设计创意文字：

(1) 使用图层样式对文字进行修饰。使用图层样式对文字图层进行修饰，可以随时调整其参数，且不会影响文字图层本身的属性。

（2）文字外观的艺术化设计。文字外观的艺术化设计是指通过使用矢量图形工具重新绘制文字、在文字上添加修饰形状等方式来制作标题文字。

（3）对段落文字进行艺术化编排。为了更好地调动买家的阅读兴趣，除了让文字的内容更加凝练外，还可以对文字进行艺术化的编排设计，以增强文字信息的视觉传达效果，如图 1-3-11 所示。

图 1-3-11

1.3.5　抠图工具应用

1. 快速抠取单色背景图片

在商品照片中，如果背景为纯色，且商品的颜色与背景的颜色差异很大，可以使用 Photoshop 中的快速选择工具和魔棒工具将商品图像快速地抠取出来。

（1）快速选择工具：可以像使用画笔工具绘画一样，利用可调整的圆形画笔笔尖快速绘制选区。

打开一张纯色背景的素材图片，选择快速选择工具，调节画笔直径，在背景上拖动鼠标绘制选取，如图 1-3-12 所示。

图 1-3-12

选区创建完成后，可以按下 Delete 键将背景删除，即可将商品抠选出来。

（2）魔棒工具：根据魔棒选取处的颜色，来选中与其颜色基本一致的区域。在选取颜色时，所设置的选取范围，容差越大，选取的范围也越大。

打开一张商品图片，选择魔棒工具，调节容差，在背景上单击鼠标创建选区，如图 1-3-13 所示。

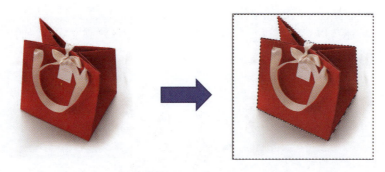

图 1-3-13

选区创建完成后，再进行反向操作，即可将商品抠选出来，如图 1-3-14 所示。

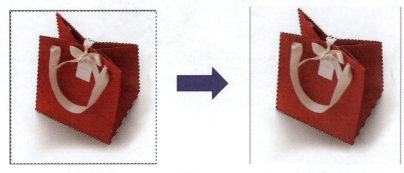

图 1-3-14

2. 抠取规则的商品图片

对于一些外形较为规则、轮廓较为清晰的商品，可以使用 Photoshop 中的选框工具或者多边形套索工具进行快速选取。选框工具分为矩形选框工具和椭圆选框工具，两者都可以实现选区的选取和抠图；多边形套索工具可以用来抠出边界是直线的多边形。

(1) 用矩形选框工具抠取矩形商品，如图 1-3-15 所示。

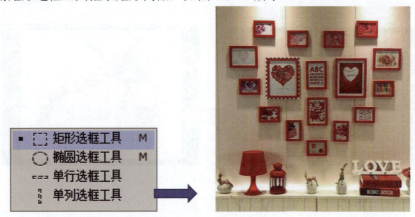

图 1-3-15

(2) 用椭圆选框工具抠取圆形商品，如图 1-3-16 所示。

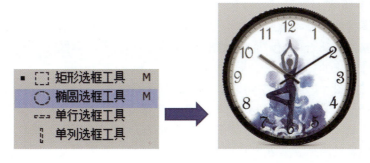

图 1-3-16

(3) 用多边形套索工具抠取多边形商品，如图 1-3-17 所示。

用多边形套索工具依次点击需要抠出的多边形图像的顶点，最后回到第一个点进行闭合，即可得到图像的选区。

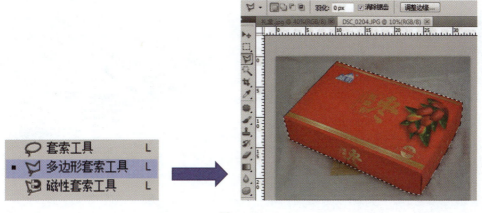

图 1-3-17

3. 抠取轮廓清晰的图像

对于一些边缘轮廓清晰但不规则的商品来说，使用磁性套索工具更容易抠取，磁性套索工具可以根据颜色的反差来自动确定选区的边缘，通过鼠标的单击和移动来指定选取的方向，如图 1-3-18 所示。

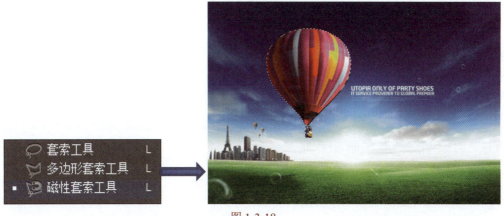

图 1-3-18

4. 精细抠取图像

如果商品图像的边缘不规整但对于抠图质量又有较高要求的情况下，使用钢笔工具抠取图像会更加精细，让合成的画面更加精致。钢笔工具常见于对圆弧形物体和直线形物体的精准抠图，在美工的实际工作中非常实用。

打开"女鞋"图片，使用钢笔工具，并且选择工具模式为"路径"，在鞋子主体边缘任何一个位置选择一个起点，单击一下，出现第一个锚点，顺着鞋子轮廓找下一个点单击左键，出现第二个锚点(此时，鼠标左键不要松开)沿着边的方向拉出去或左右旋转，当弧度刚好紧贴鞋子轮廓的时候松开左键，沿着需抠物体边缘，不断重复上面步骤，将物体全部选中，并闭合路径。也可先简单绘制闭合路径，再结合"转换点工具""直接选择工具"等修改路径。

选中路径内部，单击鼠标右键，出现菜单，并选择"创建矢量蒙版"，即可完成抠图，如图 1-3-19 所示。

图 1-3-19

1.3.6　利用图层蒙版控制图片显示效果

图层蒙版用于控制图层的显示区域，但并不参与图层的操作，蒙版与图层两者之间是息息相关的。在 Photoshop 中进行网店装修设计时，使用蒙版可以保持画面局部的图像不变，对处理区域的图像进行单独的色调和影调的编辑，被蒙版遮盖起来的部分不会发生改变，通常用于对商品图片进行抠取、编辑局部颜色和影调等操作。

(1) 在 Photoshop 软件中打开人物和海报两张图片，使用魔棒工具将人物外侧的白色区域选中，按 Shift + Ctrl + I 键，选中反向，选中人物作为选区，如图 1-3-20 所示。

图 1-3-20

(2) 使用移动工具，将人物拖动到海报图中(或按 Ctrl + C 键复制选区模特，再在海报图中按 Ctrl + V 键)，将其放置在右侧，按 Ctrl + T 键将图像变形到合适的大小，如图 1-3-21 所示，可以看出人物和海报背景之间没有融合效果，显得不自然。

图 1-3-21

(3) 在图层面板中，选中人物图层，单击面板下方的"添加图层蒙版"按钮，人物图层后方出现白色的图层蒙版，如图 1-3-22 所示。

图 1-3-22

(4) 在工具箱中选择渐变工具，并将前景色和背景色设置为白色/黑色，在渐变工具的属性栏中,选择径向模式,用"渐变工具"从人物中间向头顶上方拖出一条直线,如图 1-3-23 所示。

图 1-3-23

(5) 放开鼠标,人物蒙版上产生渐变图像,人物产生较自然的融合效果,如图 1-3-24 所示。

图 1-3-24

1.4　网店装修的注意事项

网店的经营虽然不需要实体店铺,但是依然需要借助网页来展示自己,这样才能吸引到消费者的注意力。也就是说,网店在经营中同样不能忽视装修的问题。做好网店装修,把店铺的优势特色展示出来是非常重要的。想要自己的网店与众不同,重点就在于网店装修的技巧了。那么,在装修店铺时需要注意哪些问题呢?

1. 店铺风格要与产品相符

做网店装修,不但要按照产品的优点和特色来确定网店的主体风格,同时还需要认真分析网店的人群定位,了解自己的消费对象喜欢什么样的风格。一般来说,如果消费对象是 16 岁到 25 岁的年轻女性，那么网店风格可以是小清新、浪漫、甜美的。销售冬装的可以使用一些暖色的色调，卡通的风格。如果是销售女装，那么店铺风格就更加多样，因为女装细分下来有很多定位。比如是高档的女装，那么网店风格就需要是高贵优雅的，可以选择紫色或者是黑色等显得比较高贵一点的颜色；如果是小清新的女装，就可以采用暖色调，以浅色为主。图 1-4-1 所示的童装页面中，就使用清新的浅蓝色作为主色调。

图 1-4-1

2. 店铺的风格要统一

网店的整体装修风格要统一。网店的店招、店标、主页、详情页等，都需要采用相同或者是相似的颜色，这样才可以让页面更具完整性和统一性。有些店家误以为色彩多就可以吸引顾客，把网店装修的五颜六色、花花绿绿的，其实这样的网店装修，会让顾客觉得眼花缭乱的，视觉效果完全不能达到预期。即使产品再好，顾客也没有心思继续看下去了。网店装修的色调最好不超过三种，一旦色彩过多，会显得网店很不专业。统一的网店风格可以让网店更加有整体感，给顾客更舒适的视觉体验。如图 1-4-2 所示，店铺的配色风格、文字风格都具有和谐统一感。

图 1-4-2

3. 不要抢产品的风采

网店装修的目的是为了促成订单，提高网店销量，所以需要铭记，网店装修不可以抢过产品的风采。夸张的网店装修的确可以吸引住顾客眼球，但是仅仅吸引住顾客是没有用的，重点是产品。顾客的视线全部都在网店装修上，那么产品呢？只是衬托吗？网店装修是为了衬托产品、突出产品的，所以让顾客的视线转到产品上才是关键。如图 1-4-3 所示，产品占据页面的大部分面积，只用少量的文字点明主题。

图 1-4-3

4. 勿用太多图片

很多店家在做网店装修时很喜欢用很多漂亮的素材图片，但是图片不可以太多，因为图片太多，就会影响到网页打开的速度。如果顾客在打开网页的时候要等很长时间，他们会没有耐心，选择直接关掉网页。这样我们就会流失很多的顾客。所以，网店装修时忌用太多图片。如图 1-4-4 所示，页面中有大量的留白，既主次分明，又给客户比较轻松的感觉。

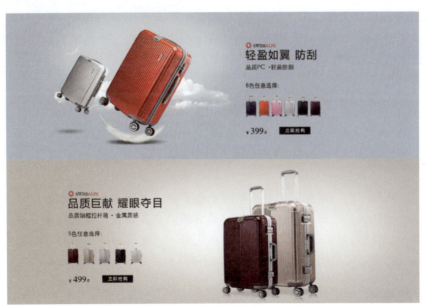

图 1-4-4

1.5　网店美工应具备的思政素养

网店美工从业者首先需要有扎实的美术功底和良好的创造力，需要熟练掌握各类图像处理软件，熟悉页面布局，了解产品特点，并从运营、推广、数据分析的角度去思考设计图片。同时要想成为一名优秀的网店美工，还要具备一定的思政素养。

1. 具备创新精神

网店美工在设计图片的过程中不能一味模仿，而是从优秀的图片中吸取经验，从自己的产品特点出发设计创新点。从模仿到微调最后到创意，是一个学习的过程，是从成功中学习经验，从而发挥出自己的创新精神。

2. 具备团队合作精神

网店美工需要了解网店各个岗位的工作内容，积极参与运营会议，多沟通，让自己和各个部门"无缝对接"。很多时候就是因为美工对"艺术""创意"的片面追求，反思忽略了那些"世俗"的需求。融入到世俗的环境中去，明白他们要什么？为什么？然后才有发挥创意的空间。

3. 具备工匠精神

网店美工在设计图片时必须严格按照网店的规格、尺寸要求。在设计产品主图时做到精益求精，设计详情页时将产品细节展示得精准全面，保证产品参数准确无误。

4. 具备实事求是精神

网店美工在展示产品卖点时一定要实事求是，不能进行虚假宣传。广告文案中使用的字体注意考虑版权问题，产品、模特等图片使用真实拍摄的网店图片，做到不盗图不失真。

5. 发扬中国传统文化

网店美工设计图片时应尽量配合中国传统文化元素，根据产品不同特点设计场景，可以适当地添加国际元素，但不能一味崇洋媚外，做到去粗取精，弘扬中国传统文化。

1.6 课后思考

1.6.1 思政思考

对照上面所列举的网店美工所要具备的思政素养，进行全方位的个人自查，也可以进行同学之间、团队成员之间的互查，找出已经具备的个人素养，并且在接下来的学习与工作中继续提升。当然，对于不具备的那些思政素养，一定要勇敢正视，好好思考如何努力提升自己的网店美工实战能力和素养。

1.6.2 技能思考

浏览各个网上购物平台的多家店铺页面，欣赏优秀店铺的装修风格，挑选一家喜欢的网店，将其店铺首页和意见商品的详情页截图，并以插入图片的方式上传提交。

项目二　婴幼儿用品店招与导航的设计

2.1　项目导入

2.1.1　项目情景

　　小李筹备着在网上新开一家网店，主要销售一些婴幼儿用品，在准备好商品图片之后，就需要来装修店铺。买家进入店铺第一眼看到的就是店招和导航，设计独特、制作精良且符合网店特色的店招会给浏览的顾客留下深刻印象。

2.1.2　项目目标

◆ 了解网店店招与导航的作用与设计思路。
◆ 能够根据商品特点及商品照片色调，来定位网店店招和导航的风格和配色，通过店铺名称和图像让顾客了解店铺销售内容。
◆ 会通过钢笔绘制形状和文字工具制作店铺 LOGO，使用图层蒙版工具控制图像素材在店招中的显示效果，灵活使用形状工具加入其他的修饰元素。

2.1.3　效果展示

　　图 2-1-1 所示，为婴幼儿用品店招与导航的效果图。

图 2-1-1

2.2　知识与技术引导

2.2.1　店招与导航概述

　　店招，顾名思义，就是网店的店铺招牌。店招与导航位于网店页面的最顶端，无论顾客进入店铺的首页、详情页还是其他页面，都能看到的第一个模块，因此是网店装修设计中的重中之重，如图 2-2-1 所示红色方框部分即为该店铺的店招与导航。店招一般包含店铺名称，一句简洁且吸引力强的广告语，以及暗示店铺销售内容的具有代表性的图片。导航需清楚地列出店铺中的商品分类，帮助顾客快速找到所需要购买物品的位置。成功的店招与导航，一方面要使用标准的颜色和字体、整洁的版面，具有强烈的视觉冲击力的画面；另一方面，可通过店招与导航的色彩来确定整个网店的装修风格和配色。

图 2-2-1

位于网店最顶端的店招，一般都有统一的尺寸要求。以淘宝网为例，店招的格式为 JPEG 或 GIF，尺寸是 950 像素×120 像素；导航的尺寸是 950 像素×30 像素。有的店铺为了在风格上保持一致，会把店招和导航放在一起制作，尺寸为 950 像素×150 像素。如果需要页头背景，页头背景是 1920 像素×150 像素(1920 像素基本能支持所有电脑全屏展示)。页头背景图片大小不能超过 200K。此外，如图 2-2-2 所示，设计中还要把重要内容置于左右两条参考线内部。

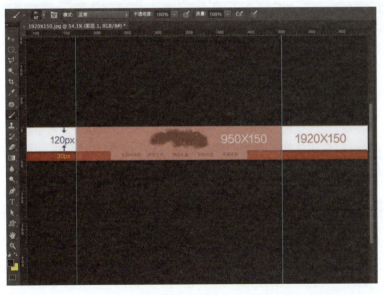

图 2-2-2

2.2.2　店招与导航赏析

店招与导航的设计要从顾客的角度考虑，既要使画面美观醒目、与整体页面风格一致，又要添加具有吸引力的广告信息或是商品信息等来赢得顾客，为转化做铺垫。图 2-2-3 至图 2-2-6 为四家网店的店招与导航。为了方便顾客重返店铺，可以在店招中加入收藏和关注标志。

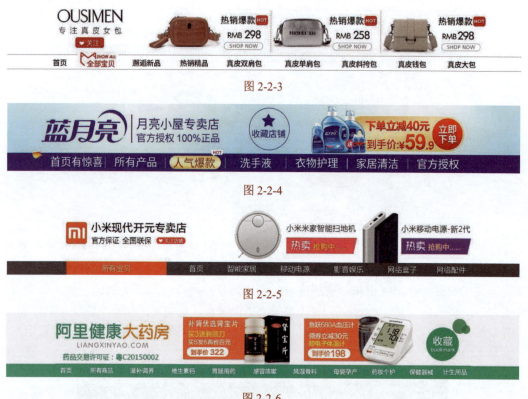

图 2-2-3

图 2-2-4

图 2-2-5

图 2-2-6

2.3　项 目 实 现

婴幼儿商品网店要选择健康活泼的亮丽色调，所以在本案例设计的店招与导航中(如图 2-1-1 所示)，采用以橙黄、浅蓝色为主的亮色系，营造出纯洁、稚嫩的效果，从而突显出婴幼儿天真可爱的特点。

2.3.1　设计理念

◆ 以橙黄色为导航主色调的页面明亮活泼。与主色调搭配的浅蓝色，恰与代表店铺销售内容的几件商品主色调一致，既展现出婴幼儿纯洁天真的特性，又使得画面和谐统一。

◆ 使用可爱的卡通小狐狸图标作为店铺 LOGO，展示出店铺的可爱形象，同时与店铺名称相呼应。

◆ 采用圆润、俏皮可爱的字体，使整个画面风格统一、富有稚趣。

2.3.2　工具方法

◆ 使用钢笔工具组绘制 LOGO 形状，使用圆角矩形工具等绘制多种修饰形状。

◆ 通过图层蒙版来控制素材图片的显示效果，使用画笔工具简单绘制商品阴影。

◆ 利用"渐变叠加""投影"等图层样式对绘制的形状进行修饰，使其视觉多样化。

2.3.3　实现过程

步骤 01：在 Photoshop 中新建一个文档，各项设置如图 2-3-1 所示。

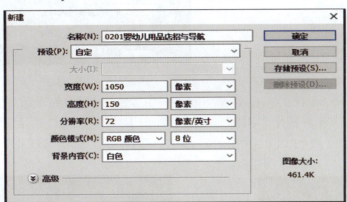

图 2-3-1

步骤 02：分别在宽度为 50 像素、1000 像素的位置创建两根垂直参考线，在高度为 120 像素位置创建一根水平参考线，编辑效果如图 2-3-2 所示。水平参考线的上方是本案例设计的店招部分，下方则是导航部分。

图 2-3-2

步骤 03：使用"钢笔工具"，选择工具模式为"形状"，在店招部分的左侧绘制一个可爱的狐狸形状，填充色为 RGB(26，152，187)，无描边，编辑效果如图 2-3-3 所示。将该形状图层命名为"LOGO"(可登录西安电子科技大学出版社网站，找到本书素材库，打开"素材 0201\01.png"，沿着图片轮廓进行绘制)。

接下来通过两个小细节，使得 LOGO 的色彩更丰富、更具有层次感。

图 2-3-3

步骤 04-1：复制"LOGO"图层，得到"LOGO 副本"图层，将副本图层形状的填充色修改为 RGB(240，138，38)。再将"LOGO 副本"图层置于"LOGO"图层的下方，并用"移动工具"将橙色的狐狸 LOGO 稍稍向右下方移动。

步骤 04-2：在"LOGO"图层上方新建一个图层，命名为"提亮"。在将"LOGO"图层载入选区(按住 Ctrl 键的同时，鼠标左键单击"LOGO"图层的缩略图)的前提下，使用"画笔工具"，硬度为 0%，并设置前景色为较淡的蓝色，如 RGB(73，181，207)，适当调小画笔半径，在需要提亮的位置轻轻涂抹，编辑效果如图 2-3-4 所示，图层内容如图 2-3-5 所示。

图 2-3-4　　　　　　　　　　　　　　　图 2-3-5

步骤 05：使用"横排文字工具"在图像窗口中适当的位置分别输入文字"贝贝狐""婴幼儿用品专卖店"，接着打开"字符"面板进行如图 2-3-6、图 2-3-7 所示设置，编辑效果如图 2-3-8 所示。将步骤 03 至 05 所得的五个图层编组，并命名为"LOGO"，图层内容如图 2-3-9 所示。折叠"LOGO"图层组。

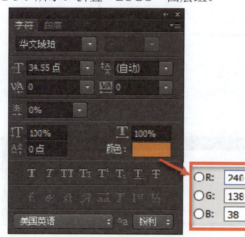
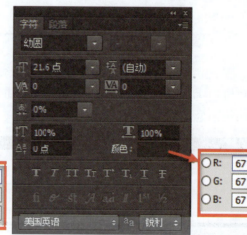

图 2-3-6　　　　　　　　　　　　　　　图 2-3-7

图 2-3-8　　　　　　　　　　　　　　　图 2-3-9

步骤 06-1：打开"素材 0201\02.jpg"，复制"背景"图层，并命名为"游戏毯"。隐藏"背景"图层。在"游戏毯"图层中使用"快速选择工具"，并勾选"自动增强"，选取卡通游戏毯以外的白色部分，编辑效果如图 2-3-10 所示。

步骤 06-2：执行菜单命令"图层"→"图层蒙版"→"隐藏选区"，将游戏毯部分抠取出来。

步骤 06-3：在"游戏毯"图层下方，创建一新图层，并命名为"游戏毯阴影"。使用"画笔工具"，设置硬度为 0%，适当降低不透明度和流量，并调整画笔大小，为游戏毯手动绘制阴影，编辑效果如图 2-3-11 所示。

图 2-3-10

图 2-3-11

步骤 06-4：将"游戏毯"图层和"游戏毯阴影"图层进行编组，命名为"卡通游戏毯"，再将该图层组拖动复制到"0201 婴幼儿用品店招与导航"中，调整其大小和位置，编辑效果如图 2-3-12 所示，图层内容如图 2-3-13 所示。

图 2-3-12

图 2-3-13

步骤 07：使用"横排文字工具"在图像窗口中适当的位置分别输入商品名称及卖点文字"卡通游戏毯"和"益智又健身"，接着打开"字符"面板进行如图 2-3-14、图 2-3-15 所示设置。

图 2-3-14　　　　　　　　　　　　　　　　图 2-3-15

步骤 08-1：使用"圆角矩形工具"，选择工具模式为"形状"，在上述文字下方，绘制按钮形状，填充色为 RGB(42，159，192)，无描边。

步骤 08-2：使用"横排文字工具"输入文字并设置格式。

步骤 08-3：将圆角矩形和文字图层进行编组，并命名为"立即购买"，为该图层组添加"投影"图层样式，具体设置如图 2-3-16 所示，图层内容如图 2-3-17 所示。

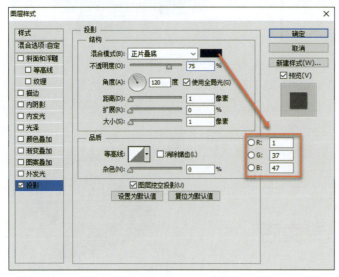

图 2-3-16　　　　　　　　　　　　　　　　图 2-3-17

步骤 09-1：折叠"立即购买"图层组，在其上方新建一图层组，命名为"HOT"，与"立即购买"同级。

步骤 09-2：使用"矩形工具"，选择工具模式为"形状"，绘制一个矩形，填充色为 RGB(255，0，0)，无描边。结合使用"添加锚点工具""转换点工具""直接选择工具"等进行形状调整。

步骤 09-3：使用"横排文字工具"输入文字"HOT"并设置格式，编辑效果如图 2-3-18 所示，图层内容如图 2-3-19 所示。

图 2-3-18

图 2-3-19

步骤 10：将步骤 06 至 09 所完成的图层、图层组进行编组，并命名为"商品 1"，图层内容如图 2-3-20 所示。

图 2-3-20

步骤 11：仿照步骤 06 至 10 的方法，添加商品 2、商品 3 的内容(素材 0201\03.jpg 和素材 0201\04.png)，编辑效果如图 2-3-21 所示。

图 2-3-21

步骤 12：使用"直线工具"绘制两根像素为粗 1 像素、填充色为 RGB(83，83，83)的竖直线，并为其添加中间深、两头浅的"渐变叠加"图层样式，作为商品间的分隔线，编辑效果如图 2-3-22 所示。

图 2-3-22

步骤 13：将步骤 01 至此的所有图层、图层组进行编组，命名为"店招"，图层内容如图 2-3-23 所示设置。

步骤 14：折叠"店招"图层组，在其上方新建一图层组，命名为"导航"，与"店招"同级，接下来创建的所有对象都置于"导航"图层组内。使用"矩形工具"，选择"形状"工具模式，在下方导航位置绘制一个长条矩形，填充色为 RGB(240，138，38)，无描边，将图层命名为"导航条"。

步骤 15：使用"矩形工具"在导航上绘制一个任意色的矩形，并用"渐变叠加"图层样式进行修饰，绘制出菜单的"按下"效果，具体参数如图 2-3-24 所示。

图 2-3-23　　　　　　　　　　　　　　　　　　图 2-3-24

步骤 16：使用"自定义形状工具"，在"按下"矩形上方绘制一个小三角形，填充适当颜色。再使用"横排文字工具"在导航上输入文字，并设置格式，最终编辑效果如图 2-3-25 所示，导航部分的图层内容如图 2-3-26 所示

图 2-3-25

图 2-3-26

2.4　拓　展　项　目

2.4.1　潮流女装店招导航的设计

【设计理念】

◆ 本案例(如图 2-4-1 所示)以时尚又具有轻熟感的橡皮红与暖灰色为主,烘托出女性靓丽又温柔的画面感觉。

◆ 在店招中加入模特图片(素材 0202),既告知顾客销售内容,又展现店铺的潮流感;精炼的广告语,拉近了与顾客的距离;简洁的搜索框和收藏图标,为转化作铺垫。

◆ 采用细瘦、标准的字体来编辑文字,添加细小的投影,使整个画面风格和谐统一,同时给人以华丽、高贵的感觉。

图 2-4-1

2.4.2　居家日用品店招导航的设计

【设计理念】

◆ 本案例在色彩搭配上以绿色和白色为主,烘托出居家日用品的干净整洁,再加入亮红色和灰色点缀,使整个画面明亮且时尚。

◆ 在店招中加入商品图片(素材 0203)及价格信息,既告知了顾客销售内容,又直接展示优惠信息;隐在搜索框中的简洁广告语,凸显出店铺的专业性。

◆ 与 LOGO 色彩呼应的导航条,添加了具有立体感的分隔线,使整个画面色调统一且富有质感。效果如图 2-4-2 所示。

图 2-4-2

2.5　课后思考

2.5.1　思政思考

在绘制 LOGO 图形时，一般使用"钢笔工具"进行绘制。这是一个非常精细又非常繁琐的步骤，要求从事网店美工的人员要足够耐心细致，从而逐步培养自己吃苦耐劳的精神。

我们经常会通过使用富有个性化的字体来美化设计的页面，给客户留下深刻的印象。但是在为店铺挑选精美字体之前，一定要注意版权问题，避免产生不必要的纠纷。在这里，给大家介绍"360 查字体"，如图 2-5-1、图 2-5-2 所示，可以查询已经安装的字体中哪些是可以免费使用的，哪些字体是在商用前一定要获得授权的。

图 2-5-1　　　　　　　　　　　　　　　图 2-5-2

2.5.2　技能思考

在对网店的店招和导航进行设计的过程中，不同的网络平台上，其设计的内容都是相似的。

(1) 到常用的网络平台上(如淘宝、京东等)找几个自己喜欢又优秀的店招导航，并将其以图片的形式保存。

(2) 搜索：常用的网络平台上对店招导航的尺寸要求，并将搜索结果以文档形式保存。

项目三　母亲节主题首屏海报的设计

3.1　项目导入

3.1.1　项目情景

依依开了一家网店，销售某品牌化妆品。母亲节快到了，为了提高店铺的销售业绩，她特别策划了一个母亲节主题的促销活动。想要把店铺的商品信息和促销活动快速、有效地传递给每一位进店的客户，就需要为店铺设计一个以活动为主并具有强烈号召力和感染力的首屏海报。

3.1.2　项目目标

◆ 了解网店首屏海报的作用和设计要点。
◆ 能够根据活动主题和商品照片色调，选取合适的搭配素材，营造风格统一的背景，进行和谐的图片合成。
◆ 根据促销活动主题，撰写精炼简洁、吸引顾客的文案，运用不同字体和色彩，通过合理的排版将活动内容层次分明地呈现出来。

3.1.3　效果展示

图 3-1-1 所示，为某品牌母亲节主题首屏海报的效果图。

图 3-1-1

3.2　知识与技术引导

3.2.1　首屏海报概述

顾客进入店铺首页后不需要滚动鼠标就能看到的第一屏内容称之为"首屏"。首屏主要包含店招、导航和海报。首屏向下滚动一屏称之为第二屏，以此类推为第三屏……在顾客刚进入店铺首页的几秒内，一定要最大可能地展示促销活动内容和品牌优势，抓住顾客的"利益点"或"兴趣点"。首屏海报位于店招、导航的下方，占据较大的面积，因此就成为吸引买家眼球、传达商品和促销信息、提升店铺流量和促成交易的重要通道。图 3-2-1 所示，红色方框部分即为某书店的首屏海报。

图 3-2-1

首屏海报的尺寸与店铺的布局是紧密关联的，卖家可以根据需要设置常规海报和全屏海报。

常规海报的高度为 100～600 像素，其宽度可设置为 950 像素、750 像素等，如图 3-2-2 所示，红色方框部分是宽度为 750 像素、高度为 291 像素的天猫超市首屏海报。

图 3-2-2

全屏海报具有震撼的视觉效果，宽度为 1920 像素，高度不限。如果需要在首屏内完整显示整个海报内容，则建议高度控制在 600 像素以内；为了烘托促销活动的气氛，也可以把首屏海报做得很长。图 3-2-1 所示的某书店首屏海报，其宽度是 1920 像素，高度是 500 像素。

在设计全屏海报的时候，要考虑到计算机显示器的分辨率的差异，一定要保证在不同的显示器上都要完整显示所要传递的重要信息。通常在全屏图片左右两侧宽度为 360 像素的区域中不放置人物或商品图片，也不放置文案。这跟店招导航的要求是一致的。

海报的格式可以是 GIF、JPG、JPEG、PNG。

3.2.2　首屏海报赏析

首屏海报的内容大致可以分为新品上架、促销活动和店铺品牌。新品上架突出新特色，促销活动的价格优势和紧迫的时间段要格外醒目，店铺品牌当然重在提升顾客的信任度。首屏海报的设计，构图要注意层次感，搭配的图片不能太复杂，主题文字简练顺口且尽量采用笔画粗壮的字体，以达到简洁美观、主题突出的效果，便于吸引买家的注意力。

图 3-2-3 至图 3-2-6 为四家网上店铺的首屏海报。很多店铺为了充分利用首屏空间，通常会将首屏海报制作为轮播图效果，可以在同一位置轮流展示多张首屏海报。

图 3-2-3

图 3-2-4

图 3-2-5

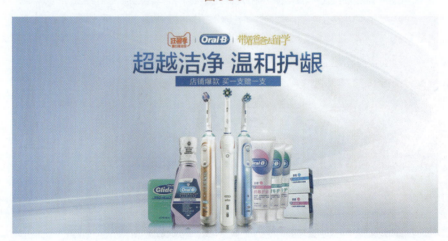

图 3-2-6

3.3　项目实现

　　本案例是为某品牌化妆品设计的母亲节主题的首屏海报(如图3-1-1所示)运用象征母爱的粉红康乃馨作为背景修饰，与原有的商品照片巧妙地融为一体，营造出甜蜜温馨的氛围，再结合粗体文字来突出活动的主题，以此触动顾客感恩母爱的心弦。

3.3.1　设计理念

◆　根据商品图片的特点，结合活动主题，选用粉色、粉紫色作为背景，再以低透明度的粉色康乃馨作为点缀，使得画面饱满、和谐。

◆　绘制相依偎的两颗爱心，传递出子女对母亲的依恋、感恩之情。

◆　多种字体经过混合排版突出活动主题，文字信息更具有设计感。

3.3.2 工具方法

◆ 通过图层蒙版来控制素材图片的显示效果，使多个图片合成得各协调自然。
◆ 利用"曲线""自然饱和度""亮度/对比度"等多种方法进行画面色调的调整，使其更和谐统一。
◆ 使用钢笔工具、矩形工具等绘制多种修饰形状。

3.3.3 实现过程

步骤 01：在 Photoshop 中新建一个文档，各项设置如图 3-3-1 所示。

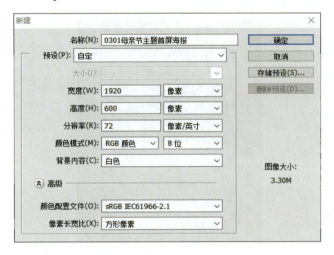

图 3-3-1

步骤 02：在图层面板下方，单击"创建新的填充或调整图层"按钮 ，并选择"纯色"，创建新的纯色填充图层，颜色为 RGB(249，172，177)。按 Ctrl + R 键，显示标尺，分别在 360 像素、960 像素、1560 像素位置为画面添加三根垂直参考线，编辑效果如图 3-3-2 所示，图层内容如图 3-3-3 所示。

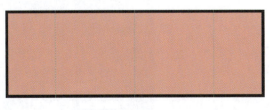

图 3-3-2

图 3-3-3

步骤 03-1：打开"素材\0301\01.jpg"，同时显示两个图片窗口，使用移动工具，将素材中的图片拖拉复制到海报文档中，命名为"商品图"，适当调整其大小和位置，商品必须在两根参考线以内。素材图片可关闭。

步骤 03-2：在图层面板下方，单击"添加图层蒙版"按钮 ，为"商品图"图层添加白色图层蒙版，使用硬度为 0 的黑色圆画笔，在商品图右侧边缘涂抹，使得边界过渡柔和，编辑效果如图 3-3-4 所示，图层内容如图 3-3-5 所示。

图 3-3-4   图 3-3-5

步骤 03-3：在图层面板下方，单击"创建新的填充或调整图层"按钮 ，并选择"曲线"，在弹出的"曲线"对话框中按图 3-3-6 所示拖动曲线，使得商品图整体变亮。

图 3-3-6

步骤 03-4：在图层面板，右击新建的"曲线 1"图层，在弹出的快捷菜单中选择"创建剪贴蒙版"，只针对"商品图"中显示的内容进行提亮而不影响底下的背景，编辑效果如图 3-3-7 所示，图层内容如图 3-3-8 所示。

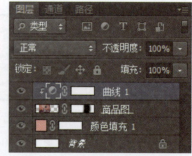

图 3-3-7   图 3-3-8

步骤 04：新建一图层，命名为"背景 2"，使用"画笔"工具，选择"柔边圆"，并选取适当的颜色，降低硬度、不透明度和流量，在商品图以外的位置涂抹，使得背景与商品图融为一体，编辑效果如图 3-3-9 所示。

图 3-3-9

步骤 05-1：打开"素材\0301\02.jpg"，将素材中的图片添加到海报文档中，命名为"花"，适当调整其大小和位置，并将图层混合模式改为"正片叠底"。素材图片可关闭。

步骤 05-2：在图层面板下方，单击"添加图层蒙版"按钮 ，为"花"图层添加白色图层蒙版，使用硬度为 0 的黑色圆画笔，在粉色康乃馨的边缘涂抹，使得边界柔和，编辑效果如图 3-3-10 所示，图层内容如图 3-3-11 所示。

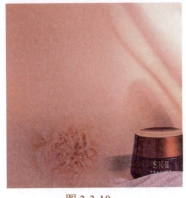

图 3-3-10

图 3-3-11

步骤 05-3：复制"花"图层，适当调整其大小、方向、不透明度和图层蒙版内容。

步骤 05-4：参考步骤 05-3，为海报两侧复制添加多个不同的康乃馨花，并将所有的花图层编组，命名为"康乃馨"，再降低图层组的不透明度为"30%"，营造与商品图和谐的氛围、却又不喧宾夺主，编辑效果如图 3-3-12 所示，图层内容如图 3-3-13 所示。

图 3-3-12

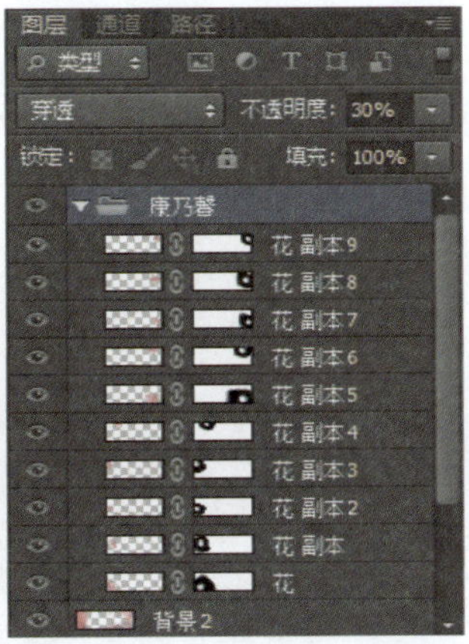

图 3-3-13

步骤06-1：折叠"康乃馨"图层组，在1120像素位置新建一根垂直参考线，接下来要加入的文字及其装饰图形都将放置在1120～1560像素之间。

步骤06-2：新建一图层，命名为"文字背景"，使用"画笔工具"，选择"柔边圆"，并选取比原背景稍稍亮一点的颜色，降低硬度、不透明度和流量，在将要放文字的位置涂抹，起到提亮画面、引起顾客关注的效果，编辑效果如图3-3-14所示。

步骤07-1：使用"自定义形状工具"，工具模式为"形状"，选择形状"红心形卡"，在步骤06所指位置的中上方绘制一个爱心形状，并设置其填充色为RGB(204，1，46)，图层命名为"爱心大"，微调其形状、大小、角度和位置。

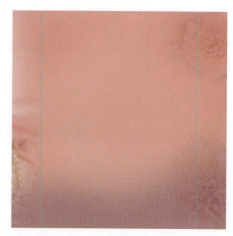

图3-3-14

步骤07-2：选中"爱心大"图层，左击图层面板下方添加图层样式按钮，选择"投影"，具体样式设置及投影颜色参数如图3-3-15所示，编辑效果及图层内容如图3-3-16、图3-3-17所示。

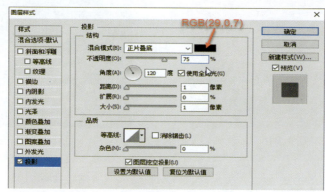

图3-3-15

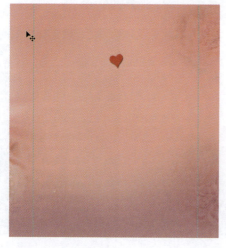

图3-3-16

图3-3-17

步骤 07-3：复制"爱心大"图层，重命名为"爱心小"，并更改其填充色为 RGB(246，97，106)，适当缩小爱心并旋转一定角度，形成相依偎的两颗爱心。

步骤 07-4：新建一图层，命名为"大爱心亮条"，使用"画笔工具"，选择"柔边圆"，并选取亮粉色，降低硬度，在大爱心的右上方位置画一条短圆弧，做出爱心的高光效果。可适当降低图层的不透明度，使高光效果更逼真。

步骤 07-5：用同样的方法，为小爱心绘制高光圆弧，图层命名为"小爱心亮条"，编辑效果如图 3-3-18 所示，将步骤 07 所完成的四个图层编组，命名为"爱心"，图层内容如图 3-3-19 所示。

图 3-3-18

图 3-3-19

步骤 08-1：选择"圆角矩形工具"，选项栏中选择"形状"，"半径"设为"3 像素"，在爱心左侧绘制一根圆头细线(高度为 5 像素)，并设置填充为 RGB(161，43，68)，无描边，将该图层命名为"左线条"。

步骤 08-2：结合"删除锚点工具"和"转换点工具"将左线条的左侧的圆头变成尖头。

步骤 08-3：再为"左线条"图层添加图层蒙版，在其蒙版上拖出自左到右的黑白渐变，使得线条左侧呈现出渐隐的效果，各步骤的效果变化如图 3-3-20 所示。

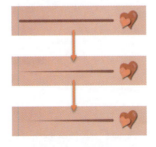

图 3-3-20

步骤 08-4：在图层面板右键单击"左线条"图层，在快捷菜单中选择"栅格化图层"，将原来的形状图层转换为普通图层；再右击该图层的蒙版缩略图，在快捷菜单中选择"应用图层蒙版"。

步骤 08-5：复制"左线条"图层，并将其命名为"右线条"，进行水平翻转及移动、对齐，即可得到如图 3-3-21 所示的编辑效果，将步骤 07~08 所完成的一个图层组、两个图层进行编组，命名为"爱心和线条"，图层内容如图 3-3-22 所示。

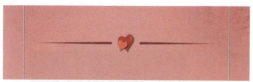

图 3-3-21　　　　　　　　　　　　　　　　　图 3-3-22

　　步骤 09-1：折叠"爱心和线条"图层组。使用"横排文字工具"在图像窗口中适当的位置输入文字"Happy Mother's Day"，接着打开"字符"面板进行如图 3-3-23 所示设置。为文字添加"投影"图层样式，具体参数设置如图 3-3-24 所示。

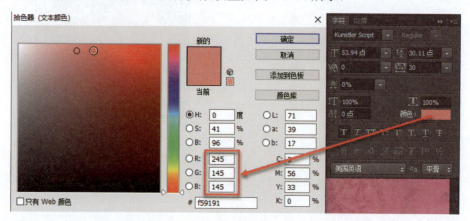

图 3-3-23

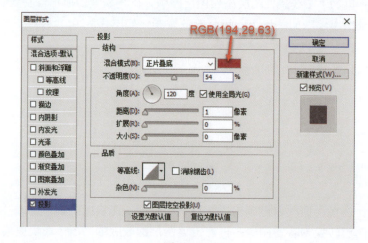

图 3-3-24

　　步骤 09-2：使用"横排文字工具"在图像窗口中适当的位置输入文字"暖心奢礼感恩

母爱"，接着打开"字符"面板进行如图 3-3-25 所示设置。为文字添加"投影"图层样式，具体参数设置如图 3-3-26 所示。

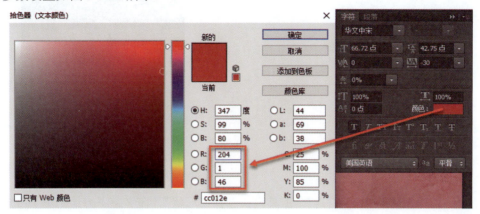

图 3-3-25

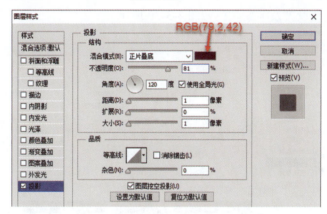

图 3-3-26

步骤 09-3：使用"横排文字工具"在图像窗口中适当的位置输入文字"抗皱/紧致/淡斑"，接着打开"字符"面板进行如图 3-3-27 所示设置，编辑效果如图 3-3-28 所示，图层内容如图 3-3-29 所示。

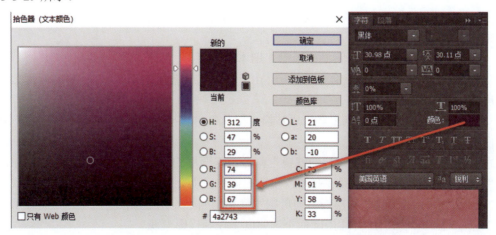

图 3-3-27

图 3-3-28

图 3-3-29

步骤 10-1：选择"矩形工具"，工具模式选择"形状"，在文字下方绘制出一个矩形，填充色为 RGB(51，51，51)，无描边，图层名为"矩形 1"。为该图层添加"渐变叠加"图层样式，各项参数设置及渐变颜色如图 3-3-30 所示。

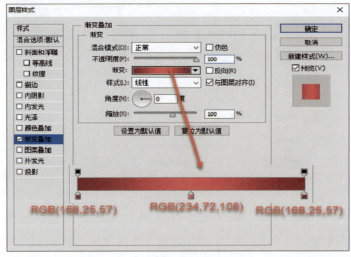

图 3-3-30

步骤 10-2：为矩形制作立体投影效果，各步骤的效果变化如图 3-3-31 所示，图层内容如图 3-3-32 所示。

(1) 复制"矩形 1"图层得到"矩形 1 副本"图层。

(2) 清除处于下层的"矩形 1"的图层样式。为了方便查看编辑效果，暂时隐藏上层的"矩形 1 副本"图层。

(3) 结合使用"添加锚点工具"、"转换点工具"、"直接选择工具"，将"矩形 1"修改为下方向中间凹进去的形状。

(4) 执行"滤镜""转换为智能滤镜"命令，将变形的"矩形 1"转换为智能对象。执行"滤镜""模糊""高斯模糊"命令，设置模糊半径为 2.6 像素。

(5) 按住 Ctrl + T 键，将模糊后的形状宽度稍稍缩小，并略微向下移动。重新显示上层的"矩形 1 副本"图层。可适当降低不透明度来控制投影变浅。

(6) 将"矩形 1"和"矩形 1 副本"图层编组，命名为"矩形"。

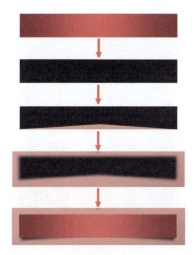

图 3-3-31　　　　　　　　　　　图 3-3-32

步骤 11：折叠"矩形"图层组。使用"横排文字工具"在适当的位置单击输入"爆款买 1 送 1 满 300 再减 50"和"活动时间：05.08-05.13"，并打开"字符"面板完成属性设置。

步骤 12：创建"亮度/对比度"调整图层，设置亮度为"+15"，为完成的作品提亮，最终编辑效果图如图 3-3-33 所示，图层内容如图 3-3-34 所示。

图 3-3-33

图 3-3-34

3.4 拓展项目

3.4.1 双十二活动首屏海报的设计

【设计理念】

◆ 本案例(如图 3-4-1 所示)，在色彩搭配上以蓝到紫的渐变色作为背景，再以对比强烈的黄色、红色来装点，使整个画面呈现出双十二盛典的热闹氛围。

◆ 在海报中加入具有年终盛典代表性的礼物盒(素材 0302\礼物盒.png)、金币(素材 0302\金币.jpg)、红包(素材 0302\红包.png)等元素，更能激起顾客的抢购欲望。

◆ 采用天猫的标准字体，加入俏皮的天猫(素材 0302\天猫.jpg)形象，进一步增强了顾客的信任度。醒目渐变条中的促销文字也能最大程度地突出活动内容。

图 3-4-1

3.4.2 童装上新首屏海报的设计

【设计理念】

◆ 本案例(如图 3-4-2 所示)选用两张具有代表性的模特图片(素材 0303\男童.jpg 和素材 0303\女童.jpg)来表现童装上新的活动，根据图片中明亮的黄色和红色来营文字的色彩氛围，使得整体协调统一。

图 3-4-2

◆ 使用倾斜的三角形作为文字背景，营造出儿童俏皮可爱的特点。
◆ 使用都市的图片(素材 0303\城市.png)作为背景，烘托出本店童装的时髦感，符合都市人群的需求。

3.5 课后思考

3.5.1 思政思考

要设计处于首屏最醒目位置的海报，网店美工们一定要下一番苦功。首先要了解清楚商家的意图——想要把什么呈现给客户；全面了解商品的特点——哪里能吸引客户；调研客户的需求——客户更想要什么、更关心什么。然后展开设计——构思排版、色彩搭配和文案描述。最后，才是利用专业技术来实现设计内容，呈现出完成的海报。

因此，一名优秀的网店美工必须时刻从多方面来修炼内功：平时多关心时事新闻，洞悉社会热点；多与各类人群交流，掌握大众的利益点和兴趣点；多了解行业新技术，在设计中迸发出更多的创意。一个优秀的首屏海报，要靠新鲜感、视觉冲击、优惠力度来展示店铺实力，活跃店铺气氛，从而引起共鸣打动顾客，最终达到提升店铺的点击率和成交率的目标。

3.5.2 技能思考

在对网店的首屏海报进行设计的过程中，不同的网络平台上，其设计的内容都是相似的。

(1) 请大家到常用的网络平台上找几个喜欢的、优秀的首屏海报，并将其以图片的形式保存。

(2) 试着从构图方式、色彩搭配和文案描述等方面来分析上面所挑选出的优秀首屏海报案例。

项目四　复古风格店铺收藏的设计

4.1　项目导入

4.1.1　项目情景

小李在网上开了一家茶具专卖店，主要销售各种茶具与配套设备，她需要为自己的网店设计一个复古风格的店铺收藏区，吸引客户收藏本店。

4.1.2　项目目标

◆ 了解网店店铺收藏的作用与设计思路。
◆ 能够根据商品特点及商品照片进行定位，构思相关的营销思路，制作出对应的店铺收藏区。

4.1.3　效果展示

图 4-1-1 所示为复古风格店铺收藏的效果图。

图 4-1-1

4.2　知识与技术引导

4.2.1　店铺收藏概述

收藏区是网店装修设计中的一部分，它可以提醒顾客对店铺进行收藏，以便下次再次访问。店铺有大量的收藏加购就说明店铺的产品受欢迎，这些收藏者都是潜在的消费者，都有可能转化成顾客。店铺的收藏加购占比能够提升店铺权重，进而提高自然搜索权重。也就是说，店铺被收藏的次数越多，收藏人气越高，在同类热门店铺的排名就越靠前，进而增加店铺的浏览量和顾客对店铺的信任度。

店铺收藏的设计比较灵活，它可以直接设计在网店的店招中(如图 4-2-1 所示的红色方框部分)，也可以放置在导航条上(如图 4-2-2 所示的红色方框部分)，还可以单独地显示在首页的某个区域(如图 4-2-3、图 4-2-4 所示的红色方框部分)。

图 4-2-1

图 4-2-2

图 4-2-3

图 4-2-4

4.2.2　店铺收藏区赏析

不难发现，店铺收藏区一般都有中文或是英文的"收藏"字样，能醒目地提示买家进行收藏。有的店铺还会放一些商品图片或是素材图片来显示商品的信息，起到点缀修饰的作用。简洁的广告语，能凸显店铺的特点和意境。很多情况下，店家会设计一些亮眼的优惠券来吸引顾客的注意，让其点击收藏。图 4-2-5 和图 4-2-6 所示是比较有代表性的两种不同形式的收藏区。

图 4-2-5

图 4-2-6

4.3 项目实现

为了提高店铺的收藏加购量，在设计店铺收藏区的时候需要注意以下事项：

(1) 明确店铺定位；

(2) 收藏按钮醒目，有个性化；

(3) 收藏要有礼物，可以送红包、优惠券、淘金币等，利用利益引导消费者。

4.3.1 设计理念

◆ 考虑到经常喝茶的人群为中老年男性，因此使用复古风格设计本案例。以淡黄色为底色，搭配灰色、褐色、棕色，烘托出一种怀旧感。配色表如图 4-3-1 所示。

◆ 根据商品特点及店铺的风格来合理配色和布局、修饰点缀；

◆ 为收藏区配上必要的文字，需符合店铺及商品的意境。

图 4-3-1

4.3.2 工具方法

◆ 通过图层样式来提升所配图标的质地。

◆ 使用直线、矩形工具设计各种线条与形状，与文字搭配，体现设计感。

4.3.3 实现过程

步骤 01-1：在 Photoshop 中新建一个文档，各项设置如图 4-3-2 所示。

步骤 01-2：双击"背景"图层对其进行解锁，接着为"图层 0"添加"颜色叠加"样式，叠加颜色为 R：237，G：230，B：211(设计配色中的色块 1)，如图 4-3-3 所示。

图 4-3-2

图 4-3-3

步骤01-3：为"图层0"添加"图案叠加"样式。

(1) 双击"图层0"，打开"图层样式"对话框，单击"图案叠加"样式，点击"图案"下拉按钮后，再单击向右小三角，选择"载入图案"，如图4-3-4所示。

(2) 在打开的"载入"对话框中选择"图案0601.pat"，点击"载入"按钮关闭对话框，如图4-3-5所示。

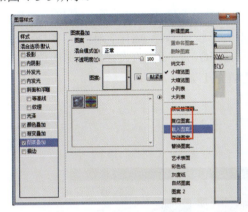

图 4-3-4　　　　　　　　　　　　　　图 4-3-5

(3) 回到"图层样式"对话框，设置"缩放"为104%，点击"确定"按钮关闭对话框，如图4-3-6所示。

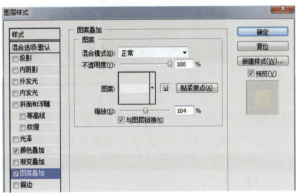

图 4-3-6

步骤01-4：把"图层0"重命名为"背景"。编辑效果如图4-3-7所示，图层内容如图4-3-8所示。

图 4-3-7　　　　　　　　　　　　　　图 4-3-8

步骤02-1：在Photoshop中打开"素材0401\01.png"，并同时显示两个图片窗口，使用移动工具，将素材图片拖拉复制到欢迎模块文档中，成为"图层1"，将其重命名为"茶壶茶杯"。使用橡皮擦工具擦去多余的部分，并调整其大小及位置，编辑效果如图4-3-9所示。

图 4-3-9

步骤 02-2：按住 Ctrl 键的同时以鼠标单击"茶壶茶杯"图层的缩览图，将其载入选区。单击图层控制面板下方的"创建新的填充或调整图层"按钮 ，选择"纯色"，如图 4-3-10 所示，在"拾色器"对话框中设置填充色为 R：142，G：7，B：7(设计配色中的色块 4)，如图 4-3-11 所示。将此新建的图层命名为"颜色填充 1"。

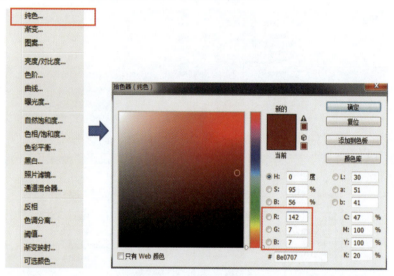

图 4-3-10   图 4-3-11

步骤 02-3：为"颜色填充 1"图层添加"投影"样式。双击"颜色填充 1"图层，打开"图层样式"对话框，单击"投影"样式，各项参数设置如图 4-3-12 所示。

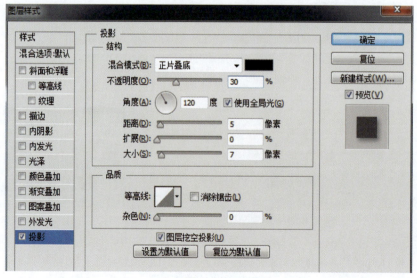

图 4-3-12

该步骤的编辑效果如图 4-3-13 所示，图层内容如图 4-3-14 所示。

图 4-3-13　　　　　　　　　　　　　　图 4-3-14

步骤 03-1：绘制正方形外框。选择"矩形工具"，并在工具属性栏中选择"形状"，填充为无颜色，描边颜色为 R：182，G：170，B：154(设计配色中的色块 2)，描边宽度为 1 点，描边类型为实线，如图 4-3-15 所示，在图像窗口适当位置绘制一个正方形框，将新的"矩形 1"图层命名为"外框"。

图 4-3-15

步骤 03-2：选择"直线工具"，在矩形中绘制"左线条"，并将新图层命名为"左线条"。

步骤 03-3：同步骤 03-2，使用"直线工具"，分别绘制"右线条""横线条""竖线条"。同时选中上述五个图层，按 Ctrl + G 键，将新建的图层组命名为"米字格"。

步骤 03-4：折叠"米字格"图层组并复制，成为"米字格副本"图层组。使用"移动工具"，按住 Shift 键的同时将复制的田字格向右拖动，编辑效果如图 4-3-16 所示，图层内容如图 4-3-17 所示。

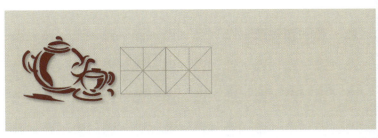 

图 4-3-16　　　　　　　　　　　　　　图 4-3-17

步骤 04：将"米字格副本"图层组折叠起来，在该图层组上方，使用"横排文字工具"，设置文本颜色为 R：101，G：72，B：53(设计配色中的色块 3)，在图像窗口中适当的位置单击并输入文字"收藏"，接着打开"字符"面板按图 4-3-18 所示进行设置，编辑效果如图 4-3-19 所示。

图 4-3-18

图 4-3-19

步骤 05-1：在"收藏"文字图层上方新建一个图层，命名为"红色矩形"。设置前景色为 R：142，G：7，B：7(设计配色中的色块 4)，选择"矩形工具"，并在工具属性栏中选择"填充像素"，在图像窗口适当位置绘制一个长方形。

步骤 05-2：新建一个图层，命名为"圆角矩形"。使用"圆角矩形工具"，工具属性栏中设置为"填充像素"，半径为 20 像素，勾选"消除锯齿"，在适当位置绘制一个圆角矩形，并将该图层的填充设置为 0%。双击"圆角矩形"图层，添加"描边"样式，描边颜色为 R：101，G：72，B：53(设计配色中的色块 3)，按图 4-3-20 所示设置各个参数。也可用绘制形状的方法绘制上述圆角矩形。编辑效果如图 4-3-21 所示，图层内容如图 4-3-22 所示。

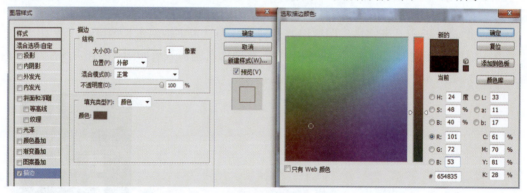
图 4-3-20

图 4-3-21

图 4-3-22

步骤 06-1：使用"横排文字工具"，设置文本颜色为 R：237，G：230，B：211(设计配色中的色块 1)，在图像窗口中适当的位置单击并输入文字"店铺送 10 元优惠券"，接着打开"字符"面板进行如图 4-3-23 所示的设置。

步骤 06-2：使用"横排文字工具"，设置文本颜色为 R：80，G：54，B：37(可选设计配色中的色块 3)，在图像窗口中适当的位置单击并输入文字"点击收藏本店"，接着打开"字符"面板进行如图 4-3-24 所示的设置。

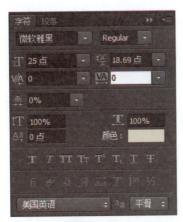
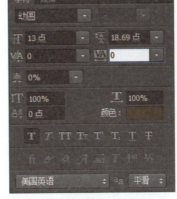

图 4-3-23   图 4-3-24

步骤 06-3：使用"横排文字工具"，在图像窗口中适当的位置拖出一个矩形框，设置文本颜色为 R：80，G：54，B：37(可选设计配色中的色块 3)，输入文字"小阁烹香茗，疏帘下玉沟；灯光翻出鼎，钗影倒沉瓯；婢捧消春困，亲尝散暮愁；吟诗因坐久，月转晚妆楼"。"字符"面板按图 4-3-24 所示进行设置。编辑效果如图 4-3-25 所示，图层内容如图 4-3-26 所示。

图 4-3-25

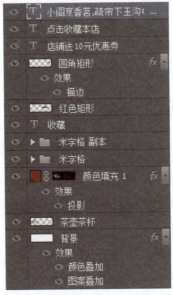

图 4-3-26

4.4 拓展项目

4.4.1 店铺收藏设计一

【设计理念】

◆ 本案例(如图 4-4-1 所示)在色彩上使用红、黄、橙搭配，体现出店铺人气高、活动气氛浓的特点。

◆ 通过各种优惠信息的集中排列，凸显活动力度，吸引消费者领取优惠券，关注并收藏店铺。

图 4-4-1

4.4.2 店铺收藏设计二

【设计理念】

◆ 本案例(如图 4-4-2 所示)在色彩上使用暖色的红、黄、橙，体现出了浓烈的活动气氛。

◆ 通过各种优惠信息的集中排列，使消费者能够更加直观地了解活动，领取优惠券，进而收藏店铺。

图 4-4-2

4.5　课后思考

4.5.1　思政思考

在网上店铺的装修案例中，常会遇到一些富有中国古典特色的商品，如茶具、茶叶、复古中式家具等。近年来比较流行的古代服装配饰等商品，也具有较大的市场。在这些店铺的装修中，网店美工不仅要掌握应有的技术要点，也要了解中华民族历史，具有民族自豪感和文化自信心，积极主动地将中国文化的古典美弘扬光大。

在店铺及商品的装修中打造古典特色的氛围，加入历史文化元素，不仅能体现出店铺的文化底蕴，更能唤起深藏在人们生活中的诗意情怀，激发客户的共鸣，进而增加客户对店铺的信任度，最终提升店铺的转化率。

4.5.2　技能思考

店铺收藏区的设计有的非常简单，只是在店招上方或下方放了一个按钮；有的是结合侧边栏来制作；或者是类似本章所提及的案例，制作专门的区域并融合到店招中去。请大家到常用的网络平台上找几个喜欢的、优秀的店铺收藏设计，同时注意不同风格的选择，并将其以图片的形式保存。

项目五　简约风格客服区的设计

5.1　项 目 导 入

5.1.1　项目情景

　　曼曼在网上开了一家女装专卖店，主要销售各种针对年轻女性的高品质、时尚的服装。由于服装质地优良，价格合理，她的店铺有了很多回头客，生意越做越大，原来的客服已经无法满足现今的需求。她决定扩大网店经营规模，特地新招了多个客服来更好地服务顾客，为此，原来的店铺客服区也需要做出相应的调整，进行重新设计。

5.1.2　项目目标

◆ 了解网店店铺客服区的作用与设计思路。
◆ 掌握常见的客服区设计要求。
◆ 能够根据商品特点及店铺特色进行定位构思，设计制作出风格一致的客服区。

5.1.3　效果展示

　　图 5-1-1 所示为简约风格店铺客服区的效果图。

图 5-1-1

5.2　知识与技术引导

5.2.1　店铺客服区概述

　　客户在选购商品时，对宝贝或是活动有疑问时，可以通过客服进行咨询解答。网店客服的分工已经达到相当细致的程度，有专门进行导购的售前客服；有专门推广、解释活动内容的营销客服；还有处理客户投诉及售后服务的售后客服等。优秀的客服，可以帮助店铺提升销量，降低退货和退款率，提高好评度，增加回头客。一张优秀的客服区图片，会方便买家寻求客户服务，并展示出卖家认真负责的态度。

常见的网店客服区主要有两种。一种位于侧边栏，与宝贝排行、搜索框等相邻，如图5-2-1 所示。根据店铺装修风格的提升需要，一部分商家将客服区放置在首页的中间或是底部，如图 5-2-2 所示。当用户浏览了一会儿网店首页后，及时出现的客服区，可以方便客户询问相关的商品和活动，从而提升网店的销量。

图 5-2-1   图 5-2-2

此外，还有一部分店铺使用悬浮客服区。一般情况下，悬浮客服区如图 5-2-3 所示，折叠悬浮在页面右侧且能跟随画面进行移动。当鼠标移动到客服图标上方，页面会如图5-2-4 所示显示详细的客服信息。这样，不仅节约了页面空间，也方便顾客与客服沟通。

图 5-2-3   图 5-2-4

客服区的设计，多直接使用网店的聊天图标作为客服头像的图片，如上述呈现的各个案例图中所示，简洁直观，且符合客户的使用习惯。也有个别极具风格的店铺，会使用一些卡通头像或是真实的人物头像，如图 5-2-5 所示。这样不仅能凸显店铺特色，也能提高顾客与客服交流的兴趣。

图 5-2-5

由于客服区的形状、位置多种多样，所以其尺寸大小也比较随意。在设计时，只需与对应的侧边栏或是首页宽度一致即可。

5.2.2　店铺客服区赏析

　　店铺客服区在页面上出现的位置非常灵活，它的设计需要与周围的设计元素相互融合，且风格一致，不能影响整体视觉美观。同时，必须要清晰地罗列出客服图标，方便顾客快速点击咨询，如图 5-2-6、图 5-2-7 所示。还有的店铺将收藏区和客服区设计在一起，如图 5-2-8 所示，向顾客展示出店铺完善的售前、售后服务，增加顾客对店铺的信任度，对日后的成交量产生较大的影响。

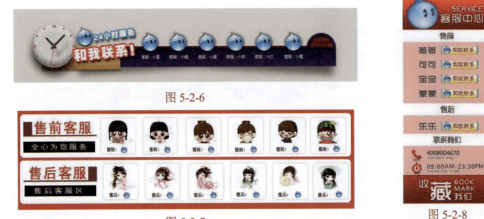

图 5-2-6

图 5-2-7

图 5-2-8

5.3　项目实现

　　质地精良的时尚女装店，也要配置精心设计的店铺页面才能突显其品质和档次，提高客户的信任度。为此，更新客服区的时候，也要考虑到追求时尚的年轻女性的心理特点。本案例使用柔和的曲线，搭配丝绸纹理，为客服区呈现出优美的质地感，同时上方使用简洁的旺旺头像，一目了然地展示出客服区的功能特色。

5.3.1　设计理念

◆ 本店铺经营的是高品质、时尚的女装，销售人群为年轻女性，所以设计的主色调为粉色，且与旺旺头像的蓝色协调搭配。
◆ 在客服区分类设计多个客服位置，区分售前、售后客服，体现店铺的专业与实力。
◆ 说明店铺优势的文字结合小图标一起呈现，既能增强客户的信任感，又为画面增添了设计感。

5.3.2　工具方法

◆ 使用钢笔工具组绘制流畅曲线，搭配"描边"图层样式，制作出线条的层次感。
◆ 使用丝绸素材，结合图层混合模式的调整和图层蒙版，制作富有质地感的背景。
◆ 使用形状工具绘制店铺特色图标。

5.3.3　实现过程

步骤 01-1：在 Photoshop 中新建一个文档，各项设置如图 5-3-1 所示。

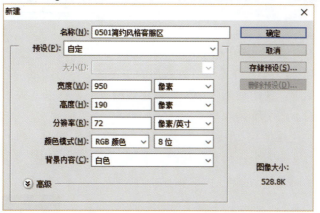

图 5-3-1

步骤 01-2：设置前景色为 RGB(247，233，233)，按 Alt + Delete，为背景层填充前景色。

步骤 02-1：设置前景色为 RGB(243，91，104)，使用"钢笔工具"，工具模式选择"形状"，在下方绘制一个形状，如图 5-3-2 所示，将形状图层命名为"弧形"。可以使用"转换点工具""直接选择工具"等对形状进行修改。

图 5-3-2

步骤 02-2：为"弧形"图层添加图层样式"描边"，具体参数设置如图 5-3-3 所示，编辑效果如图 5-3-4 所示，图层内容如图 5-3-5 所示。

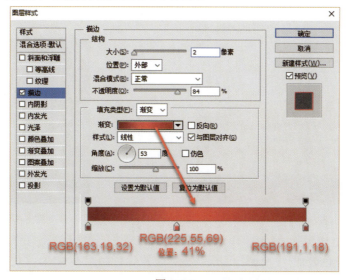

图 5-3-3

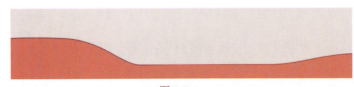

图 5-3-4   图 5-3-5

步骤 03-1：打开"素材 0501\01.png"，将素材中的图片添加到客服区文档中，命名为"丝绸纹"，适当调整其大小，并置于下方弧形的左半部分，将图层混合模式改为"明度"。为该图层添加图层蒙版，使用适当大小的黑色柔边圆画笔，抹去"弧形"以外不需要的内容，再降低该图层的不透明度为 49%。

步骤 03-2：复制"丝绸纹"图层，成为"丝绸纹副本"图层，将其移动到下方弧形的右半部分，并调整角度和大小，再修改其图层蒙版，编辑效果如图 5-3-6 所示，图层内容如图 5-3-7 所示。

图 5-3-6   图 5-3-7

步骤 04-1：使用"钢笔工具"，工具模式选择"形状"，填充任意颜色，无描边，在弧形左侧绘制三个形状，如图 5-3-8 所示，各个形状图层分别命名为"诚信商家""品质保证""如实描述"。可以使用"转换点工具""直接选择工具"等对形状进行修改。

步骤 04-2：在各个形状旁边，使用"横排文字工具"分别输入对应的文字，并按图 5-3-9 所示设置格式，文字颜色任意。

图 5-3-8   图 5-3-9

步骤 04-3：选中步骤 04-1、04-2 所创建的六个图层，将其编组并命名为"小图标"，为图层组添加"颜色叠加""投影"图层样式，设置参数如图 5-3-10、图 5-3-11 所示，编辑效果如图 5-3-12 所示，图层内容如图 5-3-13 所示。

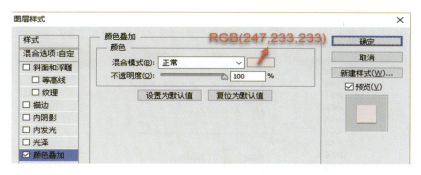

图 5-3-10

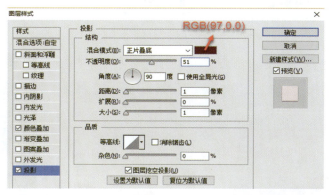

图 5-3-11

图 5-3-12

图 5-3-13

　　步骤 05-1：折叠"小图标"图层组。使用"横排文字工具"在弧形的右侧输入文字"爱在沟通贴心服务"，并按图 5-3-14 设置格式，文字颜色任意。

　　步骤 05-2：将"小图标"图层组的图层样式复制到该文字图层上，并按如图 5-3-15 所示修改"投影"图层样式的参数，再降低图层的不透明度为 80%，编辑效果如图 5-3-16 所示，图层内容如图 5-3-17 所示。

图 5-3-14

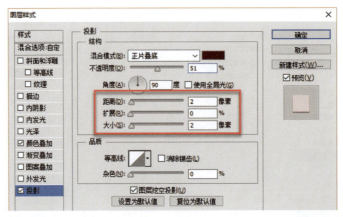

图 5-3-15

图 5-3-16

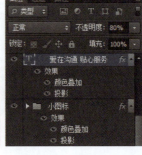

图 5-3-17

步骤 06-1：使用"横排文字工具"在弧形上方输入英语字母"S"，并按图 5-3-18 设置格式。

步骤 06-2：使用"横排文字工具"在弧形上方输入"客服中心"，并按图 5-3-19 设置格式。

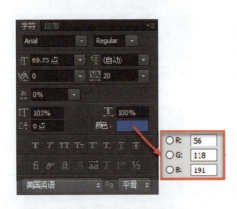

图 5-3-18

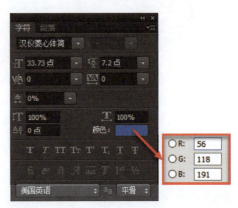

图 5-3-19

步骤 06-3：使用"矩形工具"，工具模式选择"形状"，无描边，文字"客服中心"下方绘制一个矩形，填充色设为 RGB(56，118，191)，并将图层命名为"反底"。

步骤 06-4：使用"横排文字工具"在"反底"矩形上方输入文字"ERVICE CENTER"，并按图 5-3-20 设置格式。

图 5-3-20

步骤 06-5：选中步骤 06 所创建的四个图层，为其编组，并命名为"客服中心"，编辑效果如图 5-3-21 所示，图层内容如图 5-3-22 所示。

图 5-3-21

图 5-3-22

步骤 07-1：打开"素材\0501\02.psd"，将素材中的旺旺头像添加到客服区文档中，命名为"旺旺头像"，适当调整其大小及位置。接着，复制该图层三次，并均匀分布，编辑效果如图 5-3-23 所示。把四个旺旺头像图层编组，并命名为"旺旺 1"，图层内容如图 5-3-24 所示。

图 5-3-23

图 5-3-24

步骤 07-2：复制"旺旺 1"图层组，将其命名为"旺旺 2"，并进行移动对齐。

步骤 07-3：使用"横排文字工具"，在各个旺旺头像的旁边，输入客服名称，并打开"字符"面板进行如图 5-3-25 所示设置，字体颜色为黑色。可以对售前客服、售后客服的名称分别编组，图层内容如图 5-3-26 所示。

步骤 07-4：使用"横排文字工具"，分别在两行旺旺头像的左侧，输入文字"售前：" "售后："，并打开"字符"面板进行如图 5-3-27 所示的设置。

图 5-3-25

图 5-3-26

图 5-3-27

步骤 07-5：选中步骤 07 所创建的图层和图层组，为其编组，并命名为"客服列表"，编辑效果如图 5-3-28 所示，图层内容如图 5-3-29 所示。

图 5-3-28

图 5-3-29

步骤 08-1：使用"直线工具"，选择"工具模式"为"形状"，无描边色，线条粗细为 1 像素，在客服列表右侧绘制一根竖线，成为"形状 1"图层，将其填充色设为 RGB(153，150，150)。

步骤 08-2：复制该直线，成为"形状 1 副本"图层，将其填充色设为 RGB(255，252，252)，并使用"移动工具"向右适当移动，呈现立体竖线效果。

步骤 08-3：选中步骤 08 所创建的两个图层，为其编组，并命名为"分隔线"，编辑效果如图 5-3-30 所示，图层内容如图 5-3-31 所示。

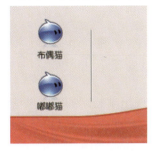
图 5-3-30

图 5-3-31

步骤 09：使用"横排文字工具"在分隔线右侧输入工作时间相关信息，并设置格式，并为两个文字图层编组，命名为"工作时间"。到此为止，整个客服区即制作完成，最终编辑效果如图 5-1-1 所示，图层内容如图 5-3-32 所示。

图 5-3-32

5.4　拓　展　项　目

5.4.1　黑白风格客服区设计

【设计理念】

◆ 本案例(如图 5-4-1 所示)在色彩搭配上使用黑白配色，客服图标使用彩色卡通图片(素材 0502)设计，清新简洁，吸引眼球。

◆ 为客服图片配上花朵外框，呈现清新可爱的风格。

◆ 通过多个客服的排列凸显出店铺的大气与实力。

客服1　　客服2　　客服3　　客服4　　客服5　　客服6　　客服7

图 5-4-1

5.4.2　收藏区与客服区相结合的设计

【设计理念】

◆ 本案例(如图 5-4-2 所示)是为欧式家装网店设计的一款将收藏区与客服区结合起来的服务区域。

◆ 使用棕色和米色为主要色彩，再点缀蓝色，呈现出家装网的欧式风情。

◆ 图片素材选用欧式城堡剪影，加入花纹装饰(素材 0503)，同时也与客服的名字设计协调一致，整体风格协调统一。

图 5-4-2

5.5　课后思考

5.5.1　思政思考

目前，市面上的电商平台日益增多，各个平台的功能、品类大致相同，但在布局、细节上又各有不同，这就对网店美工们提出了更进一步的要求。网店美工一定要细心观察，深入研究各平台的差异。为了满足客户不断追求更好购物体验的需求，主流的几家大型电商平台，不断进行页面更新与优化，网店美工们，也要不断与时俱进，保持时刻学习的态度，练就较强的应变能力。

客服区的设计，能对页面起到锦上添花的作用。所以，在设计之前务必对所服务的店铺做好调查研究，从功能、设计风格等方面，都要与店铺页面协调起来。这就要求从事网店美工的工作人员，必须具备良好的沟通协调能力和团队合作意识，与团队其他成员积极互动，努力达成团队的共同目标。

5.5.2　技能思考

网店的客服区模块，设计的变化性比较大，而且各大平台上的要求各不相同。

(1) 请大家到常用的网络平台上找几个喜欢的、优秀的客服区设计，并将其以图片的形式保存。

(2) 试分析，不同的网络购物平台对客服区不同要求的优缺点。

项目六 红枣的产品主图设计

6.1 项目导入

6.1.1 项目情景

红枣作为零食中的热卖品，不但好吃，而且富含多种维生素。为了迎接双十一，需要对店铺的红枣进行重点推广。作为买家购买的依据，产品主图的重要性毋庸置疑，小王需要根据红枣的卖点和亮点进行主图设计。

6.1.2 项目目标

◆ 了解产品主图的设计原则。
◆ 根据商品特点及商品照片色调定位产品主图的风格和配色，通过简单的文字和图形对促销信息进行编写。重点设计第一张产品主图，并将其作为推广主图，其他主图以展示产品为主。

6.1.3 效果展示

图 6-1-1 所示为红枣产品的第一张主图效果图。

图 6-1-1

6.2　知识与技术引导

6.2.1　产品主图概述

　　产品主图(如图 6-2-1 所示)是买家对店铺商品信息的第一视觉途径，一般出现于商品搜索页、店铺首页和商品详情页。产品主图作为传递信息的核心，首先要具有吸引力，使买家继续浏览下去，所以主图效果的好坏在很大程度上影响着浏览量的多少。

　　淘宝商品主图的标准尺寸是 310 像素×310 像素，而只有 700 像素×700 像素以上的主图才能使用放大镜功能。由于京东、当当等主图规格都是 800 像素，为了在其他平台发布商品时不再重新制作主图，因此一般统一要求主图的制作大小为 800 像素×800 像素。淘宝商品的产品主图最多 5 张，最少 1 张。第一张主图需要重点制作，一般会在商品搜素页面中显示。商品主图的大小必须控制在 500 KB 以内。

图 6-2-1

　　主图的设计原则主要有以下几点：

　　(1) 主图大小。主图一般都采用正方形图片，主图的最小尺寸为 310 像素×310 像素，不具备放大效果。淘宝官方建议尺寸为 800 像素×800 像素～1200 像素×1200 像素，该尺寸主图具备放大效果。

　　(2) 突出主题。在设计主图时候，要突出主题，而且背景一般采用纯洁的单色调。纯色背景的好处是：更加突出商品；给人清晰、干净的感觉；更容易添加文字说明。

　　(3) 文字搭配技巧。简：简单明了，比如"包邮"而非"国庆包邮"。精：用最少的字，表达出商品更多的信息。明：一针见血，尤其是打折信息、产品优势、产品功能等信息。

　　(4) 文字颜色搭配。常见的最佳搭配颜色系列有红底白字、红底黄字、黑底白字、蓝底白字、红底黑字。主图设计需要围绕以下三点展开设计：产品清晰、卖点突出、促销信息明确。

　　一张优质的主图主要起到以下三个作用：

　　(1) 抓住眼球。主图的设计讲究醒目和美观。

　　(2) 激发兴趣。图片的设计应该突出商品的卖点，展示出商品的促销信息。

(3) 促成点击。点击意味着会增加店铺的流量,会促成转化率的提升。

6.2.2　产品主图赏析

在网店商品主图中,图片场景可以展示产品的使用范围,提升顾客的认知度;图片清晰度和颜色会影响顾客的购买欲望;创意卖点是可以吸引顾客的亮点;促销信息则可以提升宝贝浏览量。图 6-2-2 所示为产品主图示例。

图 6-2-2

6.3　项　目　实　现

红枣作为食品类产品,在制作主图时,应突出产品的健康,以果实的品质吸引顾客,让人垂涎欲滴。所以本例通过对红枣素材的处理,以及图形、文字的组合来吸引客户购买。

6.3.1　设计理念

◆ 通过绘制和产品颜色呼应的形状进行构图,抓住顾客视觉。
◆ 通过展示产品卖点以及促销类的文字信息,对红枣进行清晰的展现,吸引顾客点击购买。
◆ 通过添加店铺 LOGO 体现产品品牌。

6.3.2　工具方法

通过钢笔工具绘制形状进行构图。
通过文本工具对文字进行编辑排版,体现产品的亮点和卖点。

6.3.3　实现过程

步骤 01:在 Photoshop 中新建一个 800 像素×800 像素的文档,各项设置如图 6-3-1 所示。
步骤 02:打开"素材 0601\红枣.jpg",将其拖动到新建的产品主图文件中,调整其位置和大小,编辑效果如图 6-3-2 所示。

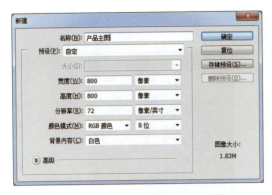

图 6-3-1　　　　　　　　　　　　　　　　　图 6-3-2

步骤 03：选择钢笔工具 ，在左下方绘制三角形形状，得到"形状 1"图层，设置形状 1 填充色为 #fabd00，描边为无，如图 6-3-3 所示。

步骤 04：选择钢笔工具 ，在三角形形状上方再绘制一个多边形形状，得到"形状 2"图层，调整大小位置，设置形状 2 填充色为 #840000，描边为无，如图 6-3-4 所示。

图 6-3-3　　　　　　　　　　　　　　　　　图 6-3-4

步骤 05：在多边形形状上添加相应文字，选择横排文本工具 ，输入文字"全国包邮"。打开字符格式设置面板，按图 6-3-5 设置相关参数，字体颜色为 #fabf01。

步骤 06：输入其他展示卖点的文本，字体颜色为白色，根据布局调整文本位置及大小，效果如图 6-3-6 所示。

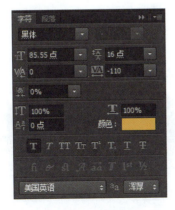

图 6-3-5　　　　　　　　　　　　　　　　　图 6-3-6

步骤 07：在三角形形状上输入促销文字和价格信息，打开"字符"面板分别进行如图 6-3-7 所示设置。

图 6-3-7

步骤 08：分别调整促销文字和价格信息的布局及大小，效果如图 6-3-8 所示设置。为卖点文字添加项目符号，选择自定义形状工具 ，在形状属性栏中选择"选中复选框"形状，如图 6-3-9 所示。

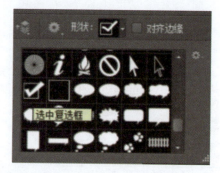

图 6-3-8　　　　　　　　　　　　　图 6-3-9

步骤 09：在文本"绿色环保"前绘制所选的复选框形状，调整位置及大小。选择复选框形状图层，复制两份，分别调整位置到其他文本前，编辑效果如图 6-3-10 所示。

步骤 10：为体现店铺参加双十一活动，需要为产品主图添加相应标记。打开"素材 0601\双十一.png"，将其拖动到产品主图文件中，调整其位置到左上角，编辑效果如图 6-3-11 所示。

步骤 11：为产品主图添加店铺 LOGO。打开"素材 0601\logo.jpg"文件，将其拖动到产品主图文件中，调整其位置在主图右上角，编辑效果如图 6-3-12 所示。

图 6-3-10　　　　　　　　图 6-3-11　　　　　　　　图 6-3-12

在淘宝网店中，除第一张主图外，还需要上传其他主图，其余主图设计可以简单一些，主要展示产品的细节、场地等，添加店铺 LOGO 即可，如图 6-3-13 所示。

图 6-3-13

6.4　主图视频创作

6.4.1　主图视频的优点

主图视频的影音动态呈现，能有效地将更多信息在首屏就予以呈现，且更具真实性和创意性，这无疑会让客户快速对商品功效有所了解，提高商品购买转化率，如图 6-4-1、图 6-4-2 所示。

图 6-4-1

图 6-4-2

要提升淘宝店铺转化率，一个精致的主图视频会让卖家事半功倍。据淘宝官方数据统计，仅有 50% 的买家会在详情页停留超过 30 秒，80% 的买家浏览不到 8 屏，而 1～5 屏的转化率为 16.8%。因此，如何在短时间内将有效信息传递给买家显得愈发重要。主图视频给网店带来的好处表现在以下三个方面：

(1) 吸引买家注意力，延长停留时间，提升转化率。

(2) 语音＋视频，全方位展示商品特性，让商品更真实、更有创意，消除买家货不对版的心理，让消费者愉快购物。

(3) 免费资源扶持，如主搜入口、日常主题活动。主题活动对商品无折扣要求，并且所有销量计入搜索排名。活动主推资源有以下类目：天天特价、清仓、拍卖、试用、淘女郎、淘金币等。

6.4.2 主图视频的相关要求

1. 主图视频的规格要求

(1) 主图视频时长≤9 s。

(2) 主图视频高宽比为 1∶1。

(3) 一个视频只能用在一个商品主图上。

2. 主图视频功能使用注意事项

(1) 视频的高宽比必须为1∶1，分辨率不低于540像素×540像素，建议是800像素×800像素。

(2) 主图视频功能全网开放，但是成人类目除外。

(3) 目前支持淘宝集市店铺、天猫店铺部分类目。

(4) 视频格式要求：FLV、MP4、F4V、RM、RMVB、WMV、AVI、3GP 等。

6.4.3 主图视频制作六大方法

淘宝主图视频给很多有雄心的商家提供了脱颖而出的新机会，因此，怎样制作好视频就很关键。由于商品主图是买家进入详情页的第一眼所见，所以主图的呈现效果在整个详情页中至关重要。在主图中加入影音动态视频，有助于让买家在最短时间内了解和认可商品，促成商品的购买和成交。

主图视频的制作方法一般有以下六种。

1. 甩手工具箱

如果利用主图、销售图片、描述图片来制作视频，就要借用到甩手工具箱的"制作主图视频"的批量制作功能。安装甩手工具箱，并在官网中注册成为会员，进入起始页，找到制作主图视频功能，如图 6-4-3 所示。安装升级该功能，升级完成后，使用制作主图视频功能→在整店制作中，填写复制店铺网址或者旺旺号→选择要制作视频的商品→下载宝贝详情→视频设置→生成视频→导出视频，这样就能完成整个店铺的批量视频制作。这种方法比较简单，而且也比较节约时间。

点评：此方法简单实用，而且软件同时还具备批量修改、手机详细页生成、数据包转换、图片水印、商品排名查询等众多功能。美中不足的是需要支付 90 元/年的服务费才能享受主图视频批量制作功能。

图 6-4-3

2. 会声会影等软件制作

如果淘宝店铺是品牌旗舰店，自己手头上又有品牌产品视频，或已经有相关产品的商品视频剪辑，或主图的相关图片，就可以使用会声会影、EDIUS 及 Windows Live 等视频软件来制作，如图 6-4-4 所示。

图 6-4-4

点评：利用这些工具的优点是易做、无费用。当然，熟悉这些视频软件也要一段时间，可通过网上的一些软件教程来辅助完成视频剪辑。使用这种方法制作视频，对于不会用视频软件的卖家来说，会有一定难度，做起来也比较费时、费力。对制作视频感兴趣的卖家，可以一边操作一边学习视频软件制作。

3. 暴风影音

暴风影音是商家获益最大的应用之一。在拍好的视频播放器画面上选择片段截取，然后设置输出的视频格式和尺寸以及内容，调整视频画面内容；最后以自定义模式下载。暴风影音是目前淘宝主动宣传的一个应用。

点评：此方法经济实惠，但有几个难点：第一，要考虑视频拍摄角度；第二，操作步骤略显繁琐。

4. 56 相册视频

56 相册视频是知名度最大的应用之一。56 相册视频已经推出有一段时间。用户可以使用图片、文字生成视频，图片、文字有不同的特效。

点评：此方法对图片要求很高，用户创意好，但 6 秒时长不好掌握，可能需要用户花费很多的时间和精力。

5. 专业公司制作

专业视频制作公司做出来的主图视频，质量相对较好。现在大的品牌店铺采用的就是这种方法。

点评：此方法成本很高。如果一家店铺上百款商品，全部请模特专业实拍制作，那么再大的公司也不会忽略这笔消费。建议做一两个专业的主图视频，配合上面应用再做一些经济的主图视频。

6. 自己实拍制作

利用手机、相机都有的拍摄功能自己实拍。这种方法的缺点是大多数店主实拍都不够专业，拍出来的效果不够理想，起不到帮助转化的作用。

点评：此方法适用于有拍摄基础的卖家，一般卖家不太适用。

当使用以上方法制作出视频之后，还需要卖家自己手动在淘宝卖家后台中心上传，这样才能正确显示视频。

6.4.4　会声会影制作主图视频

随着淘宝后台的逐渐开放，主图可以上传视频了。据淘宝官方介绍，优秀的视频可以很好地吸引顾客，从而促成更多的成交。那么如何制作符合淘宝要求的 9 秒主图视频呢？

下面分步骤演示用会声会影视频软件制作简单视频。

步骤 01：打开"会声会影"，选择"文件→新建项目"，新建一个空白项目，如图 6-4-5 所示。

图 6-4-5

步骤 02：选择左面工作面板的打开图标，导入事先准备好的素材，如图 6-4-6 所示。

图 6-4-6

步骤 03：选取准备好的几张图片，按快捷键 Ctrl + A 全选，如图 6-4-7 所示。

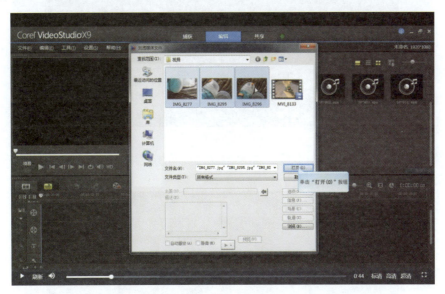

图 6-4-7

步骤 04：看到工作面板左边图片一项中已经有打开的图片，然后把需要的图片一张张拖入视频轨道，如图 6-4-8 所示。

步骤 05：由于淘宝主图视频要求时间控制在 9 秒内，这里的图片拖入之后明显已经超过了 9 秒，这时候就需要裁剪图片的时长。具体方法为选中一张图片，把时间轴拖到想要裁剪的位置，然后单击"剪刀工具"按钮，就可看到图片被剪断了，然后选中删除的一段，按 Delete 删除。按照此方法把其他几张图片也剪短，直到加起来整个长度只有 9 秒，如图 6-4-9 所示。

图 6-4-8

图 6-4-9

步骤 06：按照 9 秒裁剪好长度。如果想要添加转场效果，可以单击"转场按钮"，设置相应效果，如图 6-4-10 所示。

图 6-4-10

步骤 07：如果需要添加音乐，也可以用打开图片的方式打开一段音乐，然后把音乐拖入音频轨道。具体方法和图片方法一样，如图 6-4-11 所示。

图 6-4-11

步骤 08：在步骤面板上单击"共享"按钮，打开共享界面，单击"自定义"后弹出一个设置窗口，写上文件名，然后选择视频保存的类型。淘宝主图视频支持多种格式，本案例选择的是淘宝较常见的 MP4 格式，如图 6-4-12 所示。

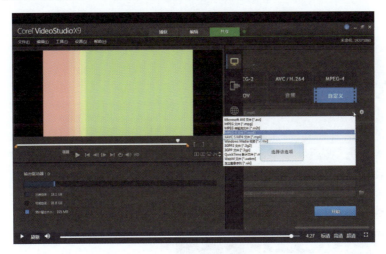

图 6-4-12

步骤 09：主图视频制作完成，可以选择预览效果，并上传到淘宝后台。

6.5　拓　展　项　目

6.5.1　电饭煲的产品主图设计

【设计理念】

◆ 本案例(如图 6-5-1 所示)在背景(素材 0602\背景 1.jpg)上配合电饭煲的香槟颜色进行

配色，整体效果简洁大方，有一定的视觉效果。

◆ 添加促销文案，吸引客户，增加点击率。

◆ 以礼物盒、电饭煲加热模式图片(素材 0602\电饭煲素材.psd)，突出电饭煲的功能性和促销活动。

图 6-5-1

6.5.2　雷士照明主图的设计

【设计理念】

◆ 本案例(如图 6-5-2 所示)是为雷士照明的筒灯(素材 0603\筒灯.jpg)产品设计主图，以优美的灯光夜景(素材 0603\夜景.jpg)作为背景，点明主题。

◆ 绘制亮黄色多边形，突出产品和卖点文字。

◆ 添加镜头光晕、图层样式等效果，配合相应促销文案(素材 0603\1212.png)，体现照明产品的高级感。

图 6-5-2

6.6 课后思考

6.6.1 思政思考

商品主图是买家对店铺商品信息的第一视觉途径，精美且具有卖点的主图能使顾客感受到卖家的专业，产生购买兴趣。这就对网店美工提出了高要求，需要美工真正去了解产品，做到理论与实践相结合。

主图的卖点可以是商品促销内容，也可以是商品的突出优势。要到达顾客一看到主图，马上就产生购物冲动的效果，就要求美工在设计时保证卖点信息的真实有效，不出现虚假信息，因为如果出现偏差必然会影响店铺的信用。

6.6.2 技能思考

在对产品主图的过程中，需要根据不同产品的特点进行展示推广，但基本原则是相似的，要突出产品的特色，抓住客户的视觉注意力。

(1) 请大家到常用的网络平台上找几个喜欢的、优秀的产品主图，并将其以图片的形式保存。

(2) 选择一款合适的产品，进行主图设计。

项目七　时尚背包的详情页设计

7.1　项 目 导 入

7.1.1　项目情景

小李在网上开了一家背包专卖店，主要销售多种时尚背包，经营一段时间后，有了一定的信用积累，为了更好地打开销路，她打算重新设计自己的产品详情页。在准备好商品图及相关截图之后，接下来就是考虑如何设计了。

7.1.2　项目目标

◆ 了解网店商品详情页的作用与设计思路。
◆ 能够根据商品特点及商品照片进行产品的定位，构思相关的营销思路，并制作出对应的商品详情页。

7.1.3　效果展示

图 7-1-1、图 7-1-2 所示为时尚背包的详情页的效果图。因图片过长，截图后分上下半部。

图 7-1-1

图 7-1-2

7.2　知识与技术引导

7.2.1　商品详情页概述

　　所谓详情页，就是通过图文来介绍商品详情特征的页面，好的详情页可以大大提高商品的转化率，进而提高店铺的竞争力。详情页的逻辑很重要。当收到一个详情页设计需求的时候，首先要分析详情页的逻辑框架。可以先分析产品的定位和卖点，进行产品的定位，构思营销思路。最好写出营销文案，把文案的主次关系弄清楚，补充促销的噱头，提升转化率。通过标题的对比搭配，突出焦点，增强人们的购买欲。

7.2.2　商品详情页的尺寸要求

　　在不同的购物平台上，商品详情页尺寸是不一样的，以淘宝为例，电脑端详情页宽度为 750 像素，高度不受限制；手机端详情页宽度为 620 像素，高度小于 1546 像素即可。一般情况下，可以先设计电脑端详情页，然后在电脑端编辑时点击导入手机端描述，就可以自动生成手机端详情页。

7.2.3　商品详情页赏析

　　商品详情页一般包含商品信息、商品细节展示、促销信息、支付与配送信息、售后信息等信息。页面的整体风格要一致协调、色彩搭配要和谐。一个好的详情页，不光要美观，还要能提升商品的转化率。在设计详情页时，需要站在客户的角度，分析如何激发购买欲，让客户对产品更加信服。在设计过程中，要确定详情页的框架，构思好详情页的内容，还要确定产品的主要卖点，给产品确立一个明确的定位，告诉客户为什么要买店铺的产品，满足用户的需求。图 7-2-1、图 7-2-2 所示，分别是床上用品、鼠标的详情页。

图 7-2-1

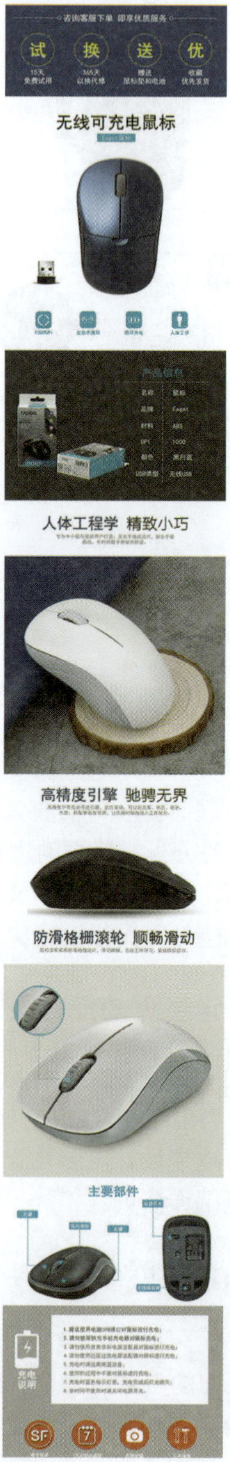

图 7-2-2

7.3　项　目　实　现

　　户外运动作为一种时尚广泛被人民大众所崇尚。随着生产力和科技水平的进步，材料和制造工艺日渐成熟，户外背包的设计要素逐渐完善，目前的户外背包市场不仅能够满足消费者对于不同户外活动的需求，同时产品的细节和结构的创新设计也赋予了背包更多的功能。项目图片高度较大，需要设计者能熟练运用 PS 的各项基本操作，包括缩放、平移、快捷键、参考线、对齐工具等。

7.3.1　设计理念

◆ 以蓝色为主，分区域进行设计，配色方法包括单色配色、互补色配色等，表现出时尚、科技感，烘托商品的质地。
◆ 在区域中通过点、线、线框、色块等增加作品的设计感，突出专业性。
◆ 选择黑体等粗直类字体来设计，使整个画面风格统一、富有力度。

7.3.2　工具方法

◆ 通过图层蒙版来控制素材图片的显示效果。
◆ 使用参考线来使作品中留白、图形及文字位置保持一致，整体布局合理。
◆ 强烈要求设计者能熟练使用各种方法进行各种素材的对齐与均匀排列。

7.3.3　实现过程

　　步骤 01：在 Photoshop 中新建一个文档，各项设置如图 7-3-1 所示。
－－绘制优惠券区域－－
　　步骤 02-1：按 Ctrl + R 打开标尺，选择视图/新建参考线，创建一条 250 像素的水平参考线，如图 7-3-2 所示。

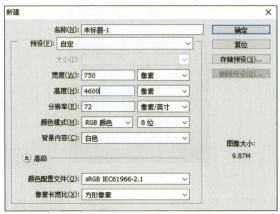

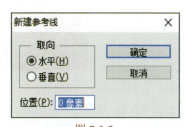

　　　　　　图 7-3-1　　　　　　　　　　　　　　　　图 7-3-2

　　步骤 02-2：设置前景色为 RGB(190，3，17)，选择矩形工具，单击屏幕，创建矩形，宽 750 高 220，并移至左上角，将图层命名为"底"，编辑效果如图 7-3-3 所示。

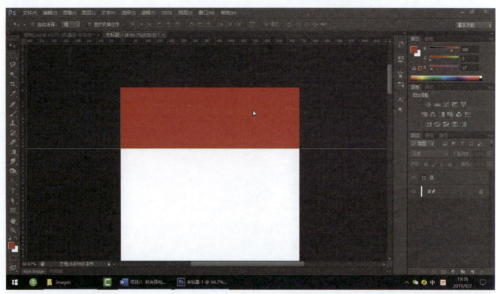

图 7-3-3

步骤 02-3：选择文字工具，设置字体为黑体，字号 30，输入字符"￥"(打开中文输入法，按 Shift＋4 键)，设置字号 72，输入字符"5"，设置字号"30"，输入字符"元"，设置字号 24，输入字符"满 99 使用"，适当调整位置；设置前景色 RGB(274，139，22)，选择圆角矩形工具，圆角设置为 20，绘制一圆角矩形，宽 110，高 25；设置前景色为 RGB(190，3，17)，字号 18，输入字符"点击领取"，选择自定义形状工具，选择箭头 6，绘制一箭头；依次编组，并选中相应图层后对齐文字与形状，如图 7-3-4 如示。

选中除背景与底图层外的所有图层并按 Ctrl＋G 键，建立图层组，取名为"5 元优惠"，如图 7-3-5 所示。

图 7-3-4　　　　　　　　　　　图 7-3-5

步骤 02-4：选择"5 元优惠"组，按 Ctrl＋J 键复制图层组，并改名为"10 元优惠"，依次选中各图层，修改相对文字，并右移一定距离，创建 10 元优惠区域；按同样的方法创建 20 元优惠与 50 元优惠区域，选择"选择"工具，同时选中四个图层组，依次点击工具属性栏中"底对齐"和"水平居中分布"按钮，对方且均分四区域，如图 7-3-6 所示。

图 7-3-6

步骤 02-5：绘制分隔线；选择直线工具，设置粗细 2 像素，绘制一根 120 像素高的直线，按 Ctrl + T，打开自由变换工具，在角度参数中输入 15，旋转 15°，如图 7-3-7 所示。

图 7-3-7

复制该图层两次，生成另外两根分隔线，同时选中三个图层，移动位置，对齐，如图 7-3-8 所示。

图 7-3-8

步骤 02-6：选中除背景外所有图层，按 Ctrl + G 键，建立图层组，取名为"优惠券"，如图 7-3-9 所示。

图 7-3-9

至此优惠券区域制作完毕。

--绘制款式选择区域--

步骤 03：绘制分标题区域。新建参考线，位置在水平 340 像素处；选择字体工具，设置字体为 Myriad Pro，字号为 28，前景色为黑色，输入文字"STYLE SELECTION"，设置字体为黑体，字号为 24，样式为浑厚，输入文字"款式选择"；选择直线工具，设置粗细为 2 像素，绘制一宽度为 25 像素的短线，复制一份，放在文字后面，居中对齐中英文图层，如图 7-3-10 所示。

图 7-3-10

把中文与英文图层同时选中，按 Ctrl + G 键建立图层组，取名为标题文字。

步骤 04-1：绘制分隔图案。自定义一新图案，新建一 8 像素×8 像素的文件，具体设置如图 7-3-11 所示。

步骤 04-2：按 Ctrl + 0 键调整视图为最佳大小，选择菜单"视图"→"新建参考线"，分别创建水平 50%及垂直 50%的两条参考线；选择工具"矩形选框"，设置前景色为黑色，框选左上角 1/4 区域，按 Ctrl + Delete 键填充黑色，框选右下 1/4 区域，填充黑色，如图 7-3-12 所示。

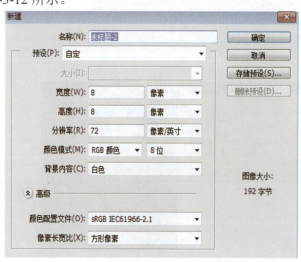

图 7-3-11

图 7-3-12

步骤 04-3：选择菜单"编辑"→"定义图案"，输入图案名称"花纹"，关闭新文件。

步骤 04-4：添加分隔花纹。在第二条参考线下新建一宽 750 像素、高 50 像素的矩形，双击修改图层名称为"花纹 1"，点击下方的"fx"，打开图层样式菜单，选择叠加图案，选中刚建立的花纹图案，如图 7-3-13 所示。

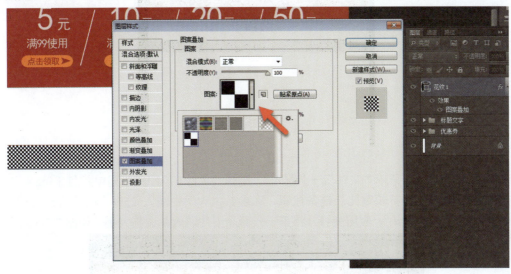

图 7-3-13

步骤 05-1：创建商品图片阵列图。创建参考线，位置在水平 340 像素处；选择"圆角矩形工具"，设置半径为 5 像素，宽为 170 像素，高为 290 像素，填充 RGB(238，238，238)，描边 RGB(37，37，37)，宽度为 1 像素，创建一圆角矩形，图层命名为"商品底图 1"；拖动对齐参考线，复制三个图层，分别命名为"商品底图 2""商品底图 3""商品底图 4"，选中图层"商品底图 4"，拖动上边与右边线对齐参考线，如图 7-3-14 所示。

图 7-3-14

同时选中 1-4 图层，选择"移动"工具，点击属性栏"水平居中分布"按钮，水平均匀排列图形，如图 7-3-15 所示。

图 7-3-15

步骤 05-2：选择菜单"文件"→"置入"，选择"素材 0701\USB 充电背包 1.jpg"文件，点选属性栏中的"操持长宽比"链条按钮，在参数"W"中输入 25%，调整背包大小，点击属性栏最右边的"√"，应用变换，将第一张商品图片调入并调整大小，如图 7-3-16 所示。

图 7-3-16

拖动图片到第一个圆角矩形中，选择图层样式"正片叠底"，如图 7-3-17 所示。

图 7-3-17

步骤 05-3：同样的方法，将另外三个背包图片，即"素材 0701\02""素材 0701\03""素材 0701\04"，分别置入对应矩形框中，如图 7-3-18 所示。

图 7-3-18

步骤 05-4：选择矩形工具，前景色设置为红色，点击绘制一矩形(宽 40 像素，高 60 像素)，放在最后那个圆角矩形框中，靠左上角排列，选择字体工具，设置为黑体、24 磅，输入"爆款"两字，放入矩形框内，如图 7-3-19 所示。

图 7-3-19

步骤 05-5：绘制宽 100 像素、高 40 像素的矩形，红色，输入文字"￥299"，黑体，24 磅，对齐后放入第一个背包下方，同理制作另外三个背包的价格，如图 7-3-20 所示。

图 7-3-20

步骤 05-6：按下 Shift 键并选择从"爆款"到"标题文字"所有图层，按 Ctrl + G 键建组，取名为"款式选择"文字。该区域制作完成。

——制作"极简出行"商品 BANNER 区域——

步骤 06-1：新建参考线，位置在水平 780 像素处；新建矩形，宽 750 像素，高 900 像素；对齐参考线与左边界，颜色任意；图层命名为"图片底图"，如图 7-3-21 所示。

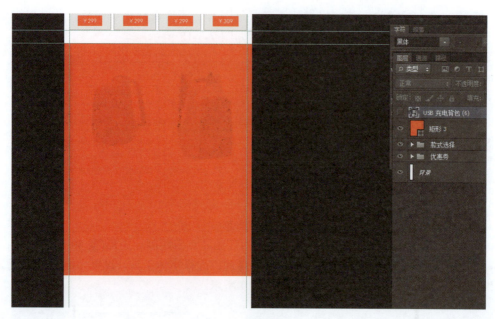

图 7-3-21

步骤 06-2：置入"素材 0701\USB 充电背包 6.jpg"，按 Ctrl + T 键，自由变换，按 Shift 键建同比例放大图片，并调整至合适位置；该图层在矩形图层上，将鼠标放入两个图层的分界线上，按 Alt 键并点击鼠标左键，创建剪贴蒙板，如图 7-3-22 所示。

图 7-3-22

注：该步骤的作用是将图片限制在矩形中，可以随意调整位置。此处也可省略矩形，直接将图片缩放对齐。

步骤 06-3：选择"文字工具"，设置字体为"逐浪经典粗黑体"，字号为 72，竖排，输入文字"极简出行，轻旅之行"，为文字添加图层样式、投影，如图 7-3-23 所示。

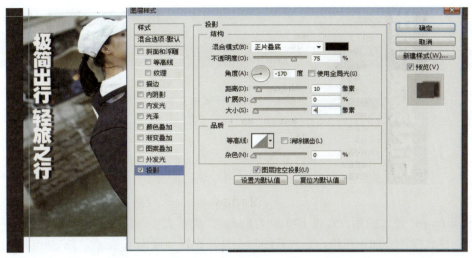

图 7-3-23

步骤 06-4：选择椭圆工具，设置填充为无，描边为 6 像素，前景色为白色，绘制一 70 像素×70 像素圆环，施放到图片左下位置，复制两个复本，水平均匀排列，如图 7-3-24 所示。

图 7-3-24

步骤 06-5：置入图片"素材 0701\锁.png"，设置图层样式，颜色叠加白色，描边颜色为白色，描边参数设置为外部，大小为 1 像素，调整大小，放入第一个圆中，具体参数如图 7-3-25、图 7-3-26 所示。

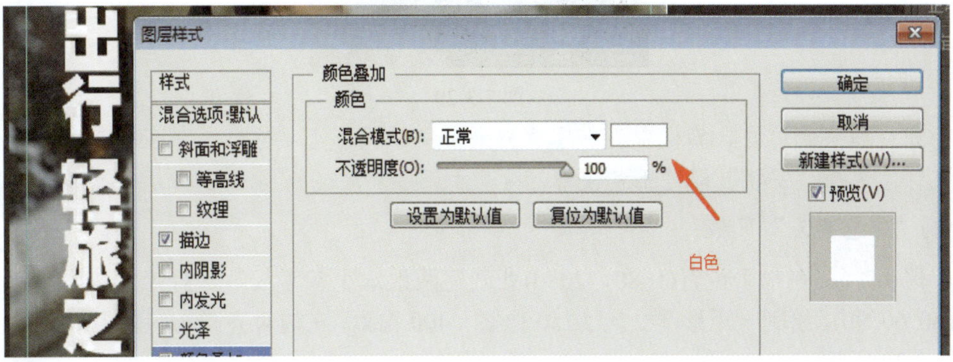

图 7-3-25

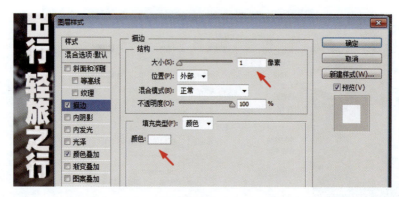

图 7-3-26

步骤 06-6：置入图片"素材 0701\小刀.png"，调整大小、角度并拖入第二个圆环中，设置图层样式颜色叠加为白色，选"直线"工具，设置宽度为 6 像素，按 Shift 键绘制一 45°直线，放入圆环中，如图 7-3-27 所示。

步骤 06-7：参照步骤 4，置入素材 070108，完成最后一个图标的制作，如图 7-3-28 所示。

图 7-3-27

图 7-3-28

步骤 06-8：选择字体工具，设置为黑体，20 磅，加粗，分别输入文字"安全防盗""防割保护""USB 外接口"，分别放入对应图标下方，注意文字要对齐。将本部分新建的图层全部选定，按 Ctrl＋G 键建图层组，取名为"极简出行"，最终完成效果如图 7-3-29 所示。

图 7-3-29

补充：如果使用的计算机中没有字体，则可先从网上下载字体，解压缩后，右键单击字体文件，选择"安装"即可正常使用。

——绘制"背包卖点"区域——

步骤 07-1：在水平位置(1680，2080)处创建两根水平参考线，选择矩形工具，前景色 RGB(60，60，90)，绘制一矩形，大小为 750 像素×400 像素，左边对齐画布，图层取名为"底"，如图 7-3-30 所示。

图 7-3-30

步骤 07-2：置入图片"素材 0701\USB 充电背包 1.jpg"，选择菜单"编辑"→"变换"
→"水平翻转"，调整大小位置，如图 7-3-31 所示。

图 7-3-31

步骤 07-3：选择文字工具，字体为黑体，字号为 54，输入文字"USB 充电背包卖点"，
放入或侧顶部；字号调整为 28，输入文字"ADVANTAGE"；选择直线工具，设置填充无，
描边与粗细设置为 3 像素，绘制长度为 50 像素直线，图层命名为"直线 1"，复制图层，
命名为"直线 2"，调整位置，同时选中三个图层，使用对齐工具垂直居中对齐，水平均匀
分布，按 Ctrl + G 键建图层组"ADVAN"，再与上面的中文水平对齐，编辑效果如图 7-3-32
所示。

图 7-3-32

步骤 07-4：绘制一矩形，大小为 140 像素×130 像素，双层图层缩略图空白处，打开图层样式对话框，设置渐变叠加，具体参数如图 7-3-33 所示。

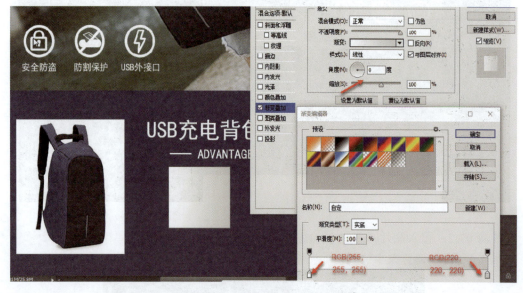

图 7-3-33

图层命名为"文字底 1"，复制图层，命名为"文字底 2"，水平并排排列，选择文字工具，设置为黑体，字号为 22，分别输入两列文字："大容量、USB 充电、安全防盗"和"多格局、健康耐用、防割保护"，分别使用工具对齐，如图 7-3-34 所示。

图 7-3-34

步骤 07-5：使用直线工具，设置线形虚线，粗细为 1 像素，由长到短依次绘制 3 根虚线，垂直居中对齐，垂直均匀分布，并与最上面大标题垂直居中对齐，如图 7-3-35 所示。

图 7-3-35

步骤 07-6：选择直线工具，绘制一直线，设置参数描边颜色 RGB(130，120，100)，宽为 30 像素，高为 3 像素，如图 7-3-36 所示。

图 7-3-36

复制两个图层，分别设置描边颜色 RGB(255，255，255)，RGB(0，0，255)，对齐排列，选中相应图层，适当调整位置，最终效果如图 7-3-37 所示。选中本区域所有图层，创建图层组"背包卖点"。

图 7-3-37

--绘制商品特点区域--

步骤 08-1：在水平位置 2130 像素与 2250 像素处创建两根水平参考线，复制"款式选择"图层组中的"花纹 1"图层与"标题文字"图层组，并拖到图层最顶端，分别修改名称为"花纹 2"与"标题文字 2"，并在画布中将具体内容拖放到新建的两根参考线中间位置，修改具体文字为"CHARACTERISTICS"与"商品特点"，如图 7-3-38 所示。

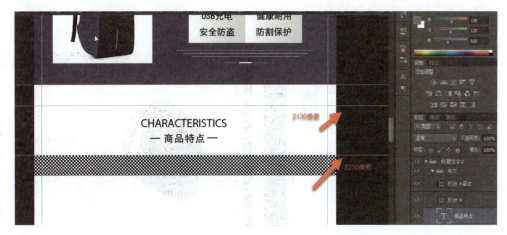

图 7-3-38

步骤 08-2：在水平位置 2300 像素、2350 像素、2750 像素处分别创建 3 根水平参考线，在垂直位置 440 像素处创建 1 根垂直参考线；选择矩形工具，设置填充为无，描边宽度为

1 像素，黑色，新建一矩形，大小为 710 像素×400 像素，放入参考线区域在垂直参考线位置新建一条宽度为 1 像素的直线，如图 7-3-39 所示。

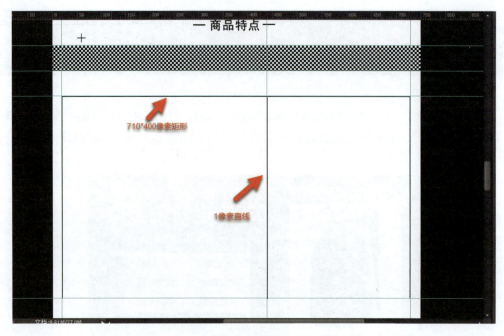

图 7-3-39

步骤 08-3：置入图片"素材 0701\USB 充电背包 11.jpg"，按 Ctrl + T 键按比例调整大小后拖入左边区域，选择菜单"编辑"→"变换"→"水平翻转"。选择矩形工具，前景色设置为 RGB(60，60，90)，新建一矩形，大小为 50 像素×70 像素；选择文字工具，设置字体为 Arial，字号为 32，输入文字"01"并拖入矩形区域中，编辑效果如图 7-3-40 所示。

步骤 08-4：选择文字工具，设置为黑体，字号为 26，前景色为黑色，输入文字"点阵结构设计"；字号为 14，前景色为 RGB(90，90，90)，输入文字"DETAILE"，字号为 18，前景色为黑色；输入文字"透气防汗"和"轻盈舒适"，在文字上方绘制一根黑色直线，长度为 80 像素，粗细为 1 像素。文字垂直居中对齐，均匀垂直间距，如图 7-3-41 所示。

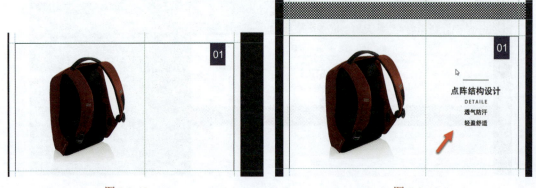

图 7-3-40   图 7-3-41

将步骤 08-2～08-4 所新建的图层通过按 Ctrl + G 键建图层组，命名为"01"。

步骤 08-5：在水平位置 2800 像素和 3200 像素处新建参考线，复制图层组"01"，重命名为"02",将整个区域拖动到新建的参考线区域中。在垂直位置 310 像素处新建参考线,将分隔直线拖动到这个位置对齐,参照步骤 07-2～07-3 更换文字与对应位置。删除图层"USB 充电背包 11 副本",置入"素材 0701\USB 充电背包 9.jpg",调整大小,放入右边区域,如图 7-3-42 所示。

图 7-3-42

注:如果背包白底压了连线,可将图层样式设置为"正片叠底"。

步骤 08-6:选择椭圆工具,新建一椭圆,大小为 150 像素×150 像素,填充颜色任意,描边为无;复制背包图层,并将图层拖到椭圆上方,将背包红点区域拖入到椭圆中,将鼠标指针移动到图层面板中两个图层的分界线处,单击鼠标左键,创建剪贴蒙版,选择背包副本图层,按 Ctrl + T 键适当等比例放大,如图 7-3-43 所示。

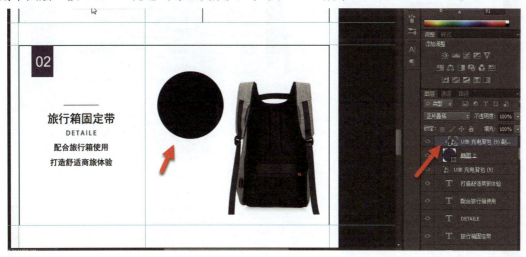

图 7-3-43

由于该区域较暗,应适当调整亮度,点击调整工具中的曲线,同样创建剪贴蒙版,并调整曲线 1 如图 7-3-44 所示。

将图层组 01、02、标题文字 2,图层"花纹 2"同时选中,创建图层组"商品特点",该区域制作完成。

图 7-3-44

——绘制"贴心服务"区域——

步骤 09-1：在水平位置 3500 像素处新建一参考线，选择矩形工具，新建大小为 750 像素×300 像素矩形，填充任意，描边无，对齐画面左边界与参考线，设置图层样式渐变叠加，图层取名为"底"，如图 7-3-45 所示。

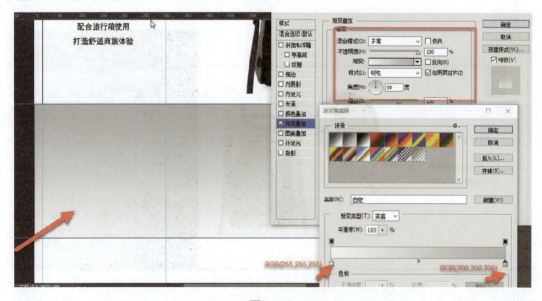

图 7-3-45

步骤 09-2：选择文字工具，设置字体为"造字工房力黑"，字号为 30，前景色为 RGB(255, 3, 3)，输入文字"贴心服务购物无忧"，与图层"底"水平居中对齐，在文字中间绘制一小圆点，如图 7-3-46 所示。

图 7-3-46

步骤 09-3：选择直线工具，设置前景色为 RGB(160, 160, 160)，粗细为 1 像素，绘制一 250 像素宽的直线，复制该图层，将前景色设为白色，选择移动工具，按下箭头下移一像素，创建雕刻线效果；选择矩形工具，前景色为黑色，描边为无，绘制一 50 像素×10 像素矩形，放在直线下；选择文字工具，设置字体为黑体，前景色为黑色，字号为 24，输入商品名称"爱客旅"，每个字中间加入一空间，按 Shift 键同时选中步骤 9-01～9-03 所建图层，垂直居中对齐，如图 7-3-47 所示。

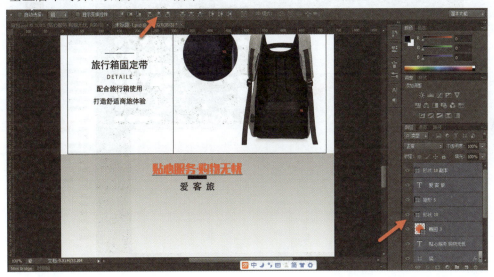

图 7-3-47

将所选图层编组，取名"标题 3"。

步骤 09-4：选择直线工具，设置前景色为 RGB(160, 160, 160,)，粗细为 1 像素，绘制一 140 像素高的直线，复制该图层，设置前景色为白色，选择移动工具，按右箭头键一次，形成雕刻线效果，选中这两个图层，编组取名为"竖线 1"，按 Ctrl＋J 键，复制四个图层组，分别命名为"竖线 2""竖线 3""竖线 4""竖线 5"，移动"竖线 5"图层组到右侧参考线处，同时选中五个图层组，使用"水平居中分布"按钮，使之均匀分布，如图 7-3-48 所示。

步骤 09-5：选择圆角矩形工具，设置半径为 5 像素，填充为无，描边颜色为 RGB(170, 150, 110)，粗细为 3 像素，绘制一 60 像素×60 像素的圆角矩形，拖入第 1、2 竖线组中间位置，如图 7-3-49 所示。

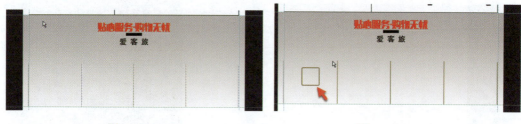

图 7-3-48   图 7-3-49

注：对齐方法，选择矩形选区工具，沿第 1、2 竖线组绘制一矩形选区，选择移动工具，选中圆角矩形图层，点击属性栏中的水平居中按钮即可。

选择自定义形状工具，点开属性栏中的齿轮按钮，选择"全部"，添加全部形状，选择"标志 5"，在圆角矩形中添加形状；选择文字工具，字体设置为"Goudy Stout"，字号为 30，白色，输入文字"7"，字体设置为黑体，字号为 18，前景色为 RGB(170, 150, 110)，输入文字"7 天无理由退换货"，将圆角矩形、形状、数字 7 与文字水平垂直居中对齐，操作步骤如图 7-3-50 所示，编辑效果如图 7-3-51 所示。

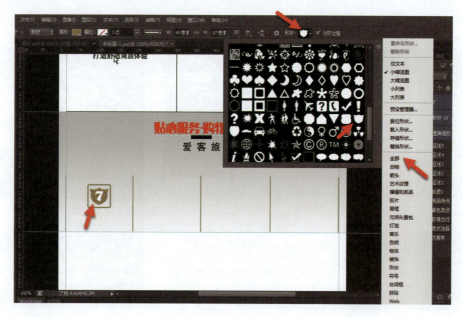

图 7-3-50

步骤 09-6：参照步骤 09-5 完成其他图标制作，编辑效果如图 7-3-52 所示。

图 7-3-51

图 7-3-52

将步骤 09 生成的图层全部选定后编组，取名为"贴心服务"工作组。

——绘制"好评展示"区域——

步骤 10-1：在水平方向 3550 像素、3670 像素、3720 像素处创建三根参考线，复制商品特点工作组中的"标题文字 2"和"花纹 2"图层，在图层面板中拖至顶层，并将标题与花纹拖到下面新建的参考线中，修改相应图层名称与标题文字，如图 7-3-53 所示。

步骤 10-2：置入图片"素材 0701\中文评价.jpg"，按 Ctrl + T 键等比缩放，拖至参考线区域，如图 7-3-54 所示。将步骤 09 产生的图层全部选中后编组，取名为"好评展示"。

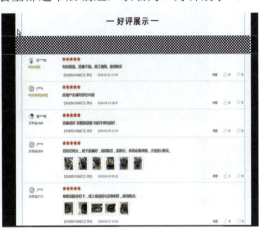

图 7-3-53   图 7-3-54

——绘制"相关宝贝"区域——

步骤 11-1：在水平方向 4200 像素处创建一水平参考线。选择矩形工具，填充颜色为 RGB(50, 60, 90)，描边无，创建大小为 350 像素×370 像素的一个矩形，取名为"底"。选择椭圆工具，在左半边创建一椭圆，图层取名为"光"，右击图层，选择栅格化图层，选择菜单"滤镜""模糊""高光模糊"，设置半径为 70 像素，如图 7-3-55 所示。

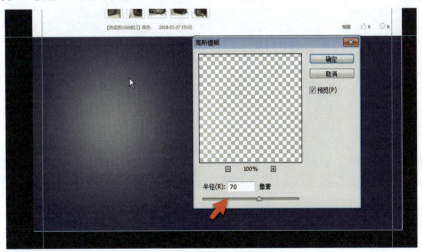

图 7-3-55

步骤 11-2：置入图片"素材 0701\行李箱.png"，调整大小，放入光影位置，如图 7-3-56 所示。

图 7-3-56

步骤 11-3：选择矩形工具，设置前景色为 RGB(255，150，0)，描边为无，绘制一个大小为 10 像素×50 像素的矩形；设置前景色为 RGB(0，0，42)，绘制一个大小为 200 像素×50 像素的矩形。两矩形首尾相接，底部对齐。设置填充为无，描边为白色，宽度为 1 像素，绘制一个大小为 180 像素×42 像素的矩形框，与大矩形水平、垂直居中对齐。选择文字工具，设置字体为黑体，字号为 28，颜色为白色，输入文字"相关宝贝"，打开字符对话框，设置字符间距为 240，如图 7-3-57 所示。

图 7-3-57

按 Shift 键选择本步骤新建图层，按 Ctrl＋G 键编组，取名为"标题 4"。

步骤 11-4：选择文字工具与圆角矩形工具，分别创建文字图层与"了解详情"按钮，按钮颜色为 RGB(255，150，0)，其他自行设计，再将步骤 09 中产生的图层全选后编组，取名为"相关宝贝"。本部分最终效果如图 7-3-58 所示，本案例全部设计完成。

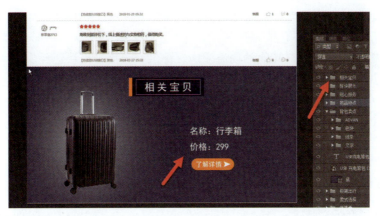

图 7-3-58

7.4 拓展项目 床上用品的详情页设计

【设计理念】

◆ 本案例(如图 7-4-1、图 7-4-2)中在色彩搭配上使用时尚又具有质感的驼色为与蓝色为主，烘托出羽绒被套与枕套(素材 0702)的纯棉质地。

图 7-4-1   图 7-4-2

◆ 分区块设计，将详情页中商品信息、商品细节展示、使用注意事项、产品优势等一一展示，布局合理，色彩搭配和谐，既告知顾客销售内容，又展示出商品各个特征，因课时与篇幅有限，其他如物流配送、评价、售后等模块已经省略。

◆ 采用正统粗重的中英文字体，体现羽绒被的厚实感。

7.5　课后思考

7.5.1　思政思考

访客打开了商品详情页，就说明其对这件商品感兴趣。浏览该商品的详情页后，客户将决定是否在这家店铺购买该商品，即详情页的设计效果直接决定了商品的转化率。因此，网店美工们必须进行全面的思考：首先要站在客户群的角度，满足其需求，打消其顾虑；其次，要深度研究产品，提炼其卖点，展示其实力。

商品详情页全面展示了产品信息与店铺服务，设计制作的工作量很大，网店美工必须具备吃苦耐劳的精神，才能坚持制作出完整的页面。同时，创新精神也必不可少，网上销售同样商品的店铺有很多，网店美工们要提炼出与众不同的卖点，打动访客。当然，在页面的制作中，要力求精益求精，使其既能体现出设计的美感，又能体现出设计者的用心和细致，以此推及产品与服务优质。

7.5.2　技能思考

不同的网络平台，在对详情页进行设计时，其内容都是大同小异的。

请大家到常用的网络平台上找几个喜欢的、优秀的商品详情页，并将其以图片的形式保存，并尝试自己制作一详情页。

项目八　店铺首页的设计

8.1　珠宝配饰店铺首页设计

　　珠宝配饰店铺主要针对一部分追求生活情调的知性女性人群。本案例针对女性适用人群的喜好特点，选取柔和又高贵的色彩，搭配同色调的干花和丝带等元素，营造出和谐柔美又知性的整体效果。图 8-1-1 为珠宝配饰店铺首页的效果图。

图 8-1-1

8.1.1　设计理念

◆ 色彩以珊瑚粉、白色为主，点缀浅色系的亮橙色，使整个画面典雅、高贵，贴合女性温婉迷人又时尚大方的气质。

◆ 镂空花半圆纹、珊瑚粉干花束、丝带等元素的添加，使画面中增添了几分知性和甜美。

◆ 采用纤细又时尚的字体，使整个画面风格统一、富有时尚感。

◆ 首页整体布局内容丰富，可以提高用户的转化率。

布局图如图 8-1-2 所示。

图 8-1-2

8.1.2　工具方法

◆ 添加参考线来实现多个对象的对齐和区域限定，使得页面更整齐和规范。

◆ 通过创建剪贴蒙版的方式来利用下层形状控制上层素材图片的显示区域，实现图片大小的统一。

◆ 使用不同的图层混合模式来进行图片合成和调色，利用"渐变叠加""投影"等图层样式为对象增添效果。

◆ 通过"矩形工具""钢笔工具"等绘制不同形状，实现页面的多样性。

8.1.3 实现过程

步骤 01-1：在 Photoshop 中新建一个文档，各项设置如图 8-1-3 所示。

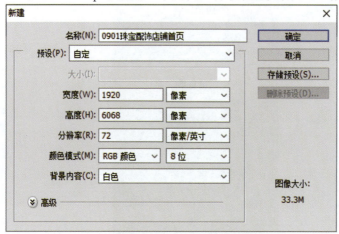

图 8-1-3

步骤 01-2：分别在 360 像素、1560 像素位置处建立垂直参考线，首页中重要商品图片和文字均置于两条垂直参考线以内。

步骤 02-1：使用"横排文字工具"在首页文档的顶部输入店铺名称及店铺优势的相关文字，并进行格式设置。

步骤 02-2：使用"直线工具"绘制深灰色直线，起到分隔和修饰的作用，编辑效果如图 8-1-4 所示。为本步骤 02 中的文字及线条编组，图层组命名为"LOGO 与优势"，图层内容如图 8-1-5 所示。

图 8-1-4   图 8-1-5

　　步骤 03-1：使用"自定义形状工具"，工具模式为"形状"，选择"红心"形卡 ♥，在首页文档的右上方绘制一个爱心形状，填充色设置为 RGB(237，138，119)，无描边，图层命名为"红心"。

　　步骤 03-2：使用"矩形工具"，工具模式为"形状"，在爱心下方绘制一个长条矩形，并设置无填充色，描边粗细为"1 点"、颜色为 RGB(83，83，83)，线型为"实线"，图层命名为"搜索框"。

　　步骤 03-3：使用"自定义形状工具"，工具模式为"形状"，选择"搜索" 🔍，在搜索框中绘制一个放大镜，填充色设置为 RGB(112，110，110)，无描边，并结合使用"直接选择工具""删除锚点工具"等将放大镜变得更简洁。

　　步骤 03-4：使用"横排文字工具"在相应位置输入文字"收藏店铺""项链"，并进行格式设置，编辑效果如图 8-1-6 所示。将步骤 03 中的形状及文字编组，图层组命名为"收藏搜索"，图层内容如图 8-1-7 所示。

图 8-1-6

图 8-1-7

　　步骤 04-1：使用"矩形工具"，工具模式为"形状"，在 LOGO 等内容的下方绘制一个深灰色的长条矩形，填充色设置为 RGB(49，46，46)，无描边，图层命名为"导航条"。

　　步骤 04-2：使用"横排文字工具"在导航条上输入导航菜单的文字，并进行格式设置，编辑效果如图 8-1-8 所示。将步骤 02、03、04 中所建立的图层和图层组进行编组，图层组命名为"店招和导航"，图层内容如图 8-1-9 所示。

图 8-1-8

图 8-1-9

　　步骤 05：折叠"店招和导航"图层组；在"店招与导航"下方，使用"矩形选框工具"框选出一个宽 1920 像素、高 600 像素的选区，并填充白色；取消选区，将图层命名为"Banner 区域",这部分区域就是用来制作首页的首屏海报的。

步骤 06-1:打开"素材 0801\01.png",并同时显示两个图片窗口,使用移动工具,将素材中的图片拖拉复制到首页文档中,图层命名为"左上花纹"后,素材图片可关闭。

步骤 06-2:调整花纹图片大小并将其移到 Banner 区域的左上方,右键单击"左上花纹"图层,在快捷菜单中左键单击选择"创建剪贴蒙版",这样即控制只在 Banner 区域中显示花纹。

步骤 06-3:为"左上花纹"添加"斜面浮雕"和"投影"图层样式,具体参数设置如图 8-1-10、图 8-1-11 所示。编辑效果及图层内容如图 8-1-12、图 8-1-13 所示。

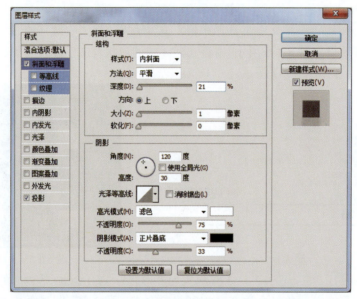

图 8-1-10

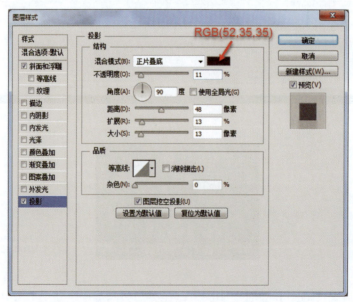

图 8-1-11

图 8-1-12

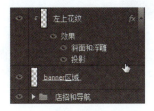

图 8-1-13

步骤 07-1：打开"素材 0801\02.jpg"，将素材中的图片复制到首页文档中，图层命名为"花束"。将"花束"旋转一定角度，并调整大小和位置。

步骤 07-2：为"花束"图层添加图层蒙版，使用黑色柔边圆画笔，在"花束"以外的白色背景处涂抹，使其与 Banner 完全融合，蒙版内容如图 8-1-14 所示，编辑效果如图 8-1-15 所示。

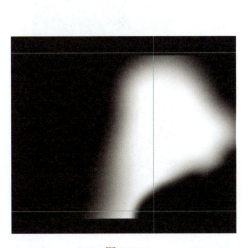

图 8-1-14

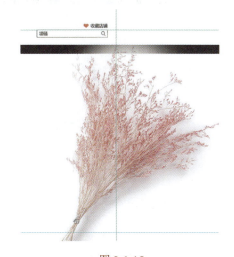

图 8-1-15

步骤 07-3：单击"图层"面板下方的"创建新的填充或调整图层"按钮 ，选择"色相/饱和度"，在弹出的"属性"对话框中进行如图 8-1-16 所示参数设置，将"花束"的颜色调成更亮的珊瑚粉色。右击"色相/饱和度 1"图层，单击"创建剪贴蒙版"，控制只调整花束的颜色，编辑效果如图 8-1-17 所示。

图 8-1-16

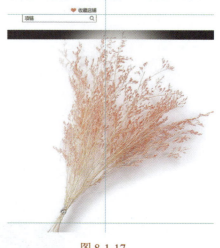

图 8-1-17

步骤 07-4：在"色相/饱和度 1"图层上方新建一个图层，命名为"花束背景加深"。使用"画笔工具"，前景色设为 RGB(217，201，202)，降低画笔硬度、适当降低不透明度和流量，在"花束"上及右侧轻轻涂抹，修改图层混合模式为"线性加深"，并适当降低该图层的不透明度，编辑效果如图 8-1-18 所示。

步骤 07-5：将步骤 07 所完成的三个图层编组，命名为"花束"，并为其添加图层蒙版，控制只在 Banner 区域显示，图层内容如图 8-1-19 所示。

图 8-1-18

图 8-1-19

步骤 08-1：折叠"花束"图层组。打开"素材 0801\03.psd"，将素材中的图片复制到首页文档中，图层命名为"左丝带"。将丝带旋转一定角度，并调整大小和位置。

步骤 08-2：为"左丝带"图层添加"投影"图层样式，各项参数设置如图 8-1-20 所示。

图 8-1-20

步骤 08-3：复制"左丝带"图层，命名为"右丝带"，调整角度及位置。分别为"左丝带""右丝带"图层添加图层蒙版，控制其部分显示，编辑效果如图 8-1-21 所示，图层内容如图 8-1-22 所示。

图 8-1-21　　　　　　　　　　　　　　　　图 8-1-22

步骤 09-1：打开"素材 0801\04.jpg"，将素材中的图片复制到首页文档中，图层命名为"礼盒"，并调整"礼盒"大小和位置。

步骤 09-2：将"礼盒"图层载入选区，并添加"色相/饱和度"调整图层，按如图 8-1-23 所示设置参数，编辑效果如图 8-1-24 所示。

图 8-1-23　　　　　　　　　　　　　　图 8-1-24

步骤 10-1：在"Banner 区域"图层的上方，新建一个图层，命名为"Banner 背景加深"，使用"画笔工具"，前景色设为 RGB(213，201，202)，降低画笔硬度、适当降低不透明度和流量，在 Banner 区域的适当位置进行涂抹，营造出深浅不一的层次效果。

步骤 10-2：右键单击"Banner 背景加深"图层，在快捷菜单中选择"创建剪贴蒙版"，控制只在 Banner 区域进行背景加深，编辑效果如图 8-1-25 所示。

步骤 10-3：将步骤 05 至步骤 10 所完成的图层和图层组进行编组，命名为"Banner 配图"，图层内容如图 8-1-26 所示。

图 8-1-25   图 8-1-26

步骤 11：折叠"Banner 配图"组，打开"素材 0801\05.jpg"，将素材中的图片复制到首页文档中，图层命名为"项链"，调整"项链"的大小和位置，并使用图层蒙版将其与导航重合的地方隐藏。

步骤 12-1：打开"素材 0801\06.jpg"，将素材中的图片复制到首页文档中，图层命名为"戒指"，调整"戒指"的大小和位置。

步骤 12-2：在"戒指"图层的上方，新建一个图层，命名为"柔光层"，使用"画笔工具"，前景色设为 RGB(214，199，201)，降低画笔硬度、适当降低不透明度和流量，在戒指的上方进行涂抹。将该图层的混合模式改为"柔光"，并适当降低图层的不透明度。编辑效果如图 8-1-27 所示，图层内容如图 8-1-28 所示。

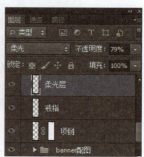

图 8-1-27   图 8-1-28

步骤 13-1：新建一个图层组，命名为"文字"，使用"横排文字工具"在图像窗口中适当的位置输入文字并完成格式设置。其中"遇见幸福挚爱一生"文字的格式设置及"投影"图层样式设置如图 8-1-29、图 8-1-30 所示。编辑效果如图 8-1-31 所示，"文字"图层组的内容如图 8-1-32 所示。

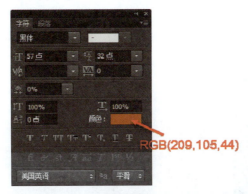

图 8-1-29

图 8-1-30

图 8-1-31

图 8-1-32

步骤 13-2：将 Banner 部分的所有图层组及图层进行编组，命名为"Banner"，图层内容如图 8-1-33 所示。

步骤 14-1：折叠"Banner"图层组，在其上方新建一图层组，命名为"优惠券"，与"Banner"同级。

步骤 14-2：使用"矩形工具"，工具模式为"形状"，在 Banner 下方绘制一个矩形，用于放置优惠券，填充色为 RGB(224，201，201)，无描边，图层命名为"优惠券底板"，编辑效果如图 8-1-34 所示。

图 8-1-33   图 8-1-34

步骤 15：使用"直线工具"，在优惠券底板和 Banner 的中间，绘制一根任意颜色的直线，图层命名为"上分隔线"，并为其添加"渐变叠加"图层样式，具体参数如图 8-1-35 所示。编辑效果如图 8-1-36 所示。

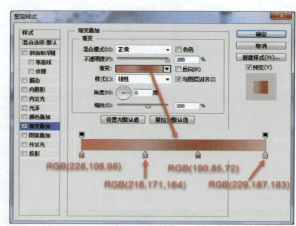

图 8-1-35

图 8-1-36

步骤 16：在优惠券底板的上方，使用"矩形工具"，绘制一白色矩形，无描边，图层命名为"白底矩形"。并使用建立羽化选区的方式，为白色矩形的上方中间，和下方两侧绘制矩形的阴影，呈现出立体效果，编辑效果及图层内容如图 8-1-37、图 8-1-38 所示。

图 8-1-37

图 8-1-38

步骤 17-1：使用"横排文字工具""直线工具"在白底矩形的上方输入文字及绘制直线，编辑效果及图层内容如图 8-1-39、图 8-1-40 所示。

图 8-1-39

图 8-1-40

步骤 17-2：使用"直线工具"在白底矩形的左侧绘制一根稍粗一点的竖直线，图层命名为"分隔线"，并为其添加"渐变叠加"的图层样式，具体参数设置如图 8-1-41 所示。将此分隔线复制 2 份，并调整其位置和对齐，编辑效果及图层内容如图 8-1-42、图 8-1-43 所示。

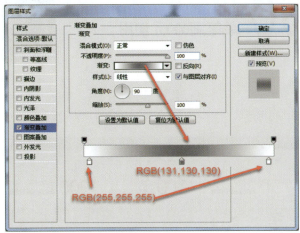

图 8-1-41

图 8-1-42

图 8-1-43

步骤 18：使用"横排文字工具"在图像窗口中适当的位置输入 20 元优惠券的文字并完成格式设置，编辑效果如图 8-1-44 所示。为 50 元优惠券的几个文字图层编组，命名为"50"，图层组的内容如图 8-1-45 所示。

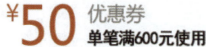

图 8-1-44   图 8-1-45

步骤 19：复制"50"图层组并进行修改和位置调整，完成 100 元、200 元优惠券的制作，编辑效果如图 8-1-46 所示。图层组的内容如图 8-1-47 所示。

图 8-1-46

图 8-1-47

步骤 20：折叠"优惠券"图层组。新建一图层组，命名为"人气热卖精品"，与"优惠券"同级别。

步骤 21：在优惠券的下方空出一定位置，使用"矩形工具"，工具模式为"形状"，在下方绘制一大一小两个矩形，编辑效果如图 8-1-48 所示。其中大矩形图层命名为"热卖矩形"，填充色为 RGB(232，210，210)，小矩形图层命名为"文字底矩形"，填充色为 RGB(182，105，105)，均无描边。

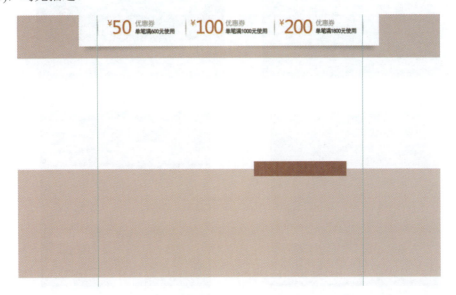

图 8-1-48

步骤 22：使用"横排文字工具"，如图 8-1-49 所示，在适当位置分别输入文字"BEST

SELLING""人气热卖精品""CARAT"和"克拉效果绚丽如你",并进行格式设置,具体参数如图 8-1-50 至图 8-1-53 所示。图层内容如图 8-1-54 所示。

图 8-1-49

图 8-1-50

图 8-1-51

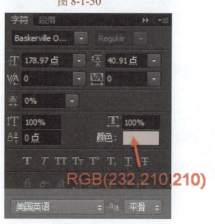

图 8-1-52

图 8-1-53

图 8-1-54

步骤 23-1：在"人气热卖精品"图层组中新建一个图层组，命名为"热卖 1"。

步骤 23-2：如图 8-1-55 所示，使用"矩形工具"在适当位置绘制一个矩形，图层命名为"热卖 1 底板"，填充色为 RGB(205，205，205)，无描边。

图 8-1-55

步骤 23-3：打开"素材 0801\07.jpg"，将素材中的图片复制到首页文档中，图层命名为"热卖商品 1"，调整戒指的大小和位置。

步骤 23-4：将"热卖商品 1"图层载入选区，创建一个"曲线"调整图层，其曲线调整参数如图 8-1-56 所示，图层内容如图 8-1-57 所示。

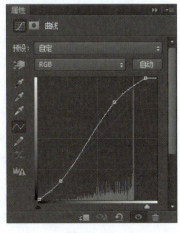

图 8-1-56

图 8-1-57

步骤 23-5：如图 8-1-58 所示，使用"横排文字工具"在适当位置输入文字并设置格式，使用"矩形工具"绘制橙色矩形，作为"立即购买"文字的底板，填充色为 RGB(206，96，31)，无描边。图层内容如图 8-1-59 所示。

图 8-1-58   图 8-1-59

步骤 24：仿照步骤 23 的方法，完成另外三件热卖精品的制作（"素材 0801\08.jpg""素材 0801\09.jpg""素材 0801\10.png"），编辑效果如图 8-1-60 所示，图层内容如图 8-1-61 所示。其中，热卖 3 中的聚划算只需将"素材 0801\11.jpg"中的图片进行复制并调整大小和位置即可。

图 8-1-60   图 8-1-61

步骤 25：折叠"人气热卖精品"图层组。如图 8-1-62 所示，在其下方留一小段空白，使用"矩形工具"绘制一个矩形，图层命名为"粉色矩形"，填充色为 RGB(232，210，210)，无描边。将在该矩形中放置分类导航区和客服区。

图 8-1-62

步骤 26：使用"横排文字工具"，如图 8-1-63 所示，在适当位置分别输入文字并进行格式设置，具体参数同"人气热卖精品"的标题文字。

图 8-1-63

步骤 27-1：使用"矩形工具"，工具模式为"形状"，如图 8-1-64 所示，在适当位置绘制一个小矩形，图层命名为"分类 1 底板"，填充色为白色，描边色为 RGB(98，98，98)，描边粗细为"3 点"。

图 8-1-64

步骤 27-2：打开"素材 0809\12.jpg"，将素材中的图片复制到首页文档中，图层命名为"分类 1"，在"图层"面板中右击该图层，在弹出的快捷菜单中选择"创建剪贴蒙版"，使得只在"分类 1 底板"区域内显示分类图片，调整图片的大小和位置，编辑效果如图 8-1-65 所示，图层内容如图 8-1-66 所示。

图 8-1-65   图 8-1-66

步骤 28：按照步骤 27 的方法，完成其他分类图的加入("素材 0801\13.jpg""素材 0801\14.jpg""素材 0801\15.jpg"和"素材 0801\16.jpg")，编辑效果如图 8-1-67 所示，为步骤 27、步骤 28 建立的图层编组，并命名为"分类导航图"，图层内容如图 8-1-68 所示。

图 8-1-67   图 8-1-68

步骤 29：使用"横排文字工具"在各个分类图下方加入相应文字并设置格式，编辑效果如图 8-1-69 所示，为分类文字图层编组，并命名为"文字"，图层内容如图 8-1-70 所示。折叠"分类导航图""文字"两个图层组，"分类导航"的图层内容如图 8-1-71 所示。

图 8-1-69

图 8-1-70　　　　　　　　　　　　　　　　　　图 8-1-71

步骤 30：折叠"分类导航"图层组。新建一图层组，命名为"客服"，与"分类导航"同级别。

步骤 31：使用"矩形工具"，工具模式为"形状"，如图 8-1-72 所示，在分类导航下方绘制一个长矩形，图层命名为"客服框"，填充色为白色，描边色为 RGB(204，172，133)，描边粗细为"8 点"。

图 8-1-72

步骤 32：如图 8-1-73 所示，使用"横排文字工具"在"客服框"内输入相应文字并进行格式设置，图层内容如图 8-1-74 所示。

图 8-1-73

图 8-1-74

步骤 33-1：如图 8-1-75 所示，使用"直线工具"在"客服框"中绘制分隔线，并进行编组，图层组命名为"分隔线"，图层内容如图 8-1-76 所示。

图 8-1-75

图 8-1-76

步骤 33-2：如图 8-1-77 所示，打开"素材 0801\17.jpg"，将素材中的"旺旺"图片复制到"客服框"中并调整大小，复制多份且完成对齐，再对其编组，图层组命名为"旺旺"，图层内容如图 8-1-78 所示。

图 8-1-77

图 8-1-78

步骤 33-3：使用"横排文字工具"，在"旺旺"头像下方输入客服名称并设置格式，为其编组，命名为"客服名称"，输入"售前客服""售后客服""会员专享"并设置格式，图层内容如图 8-1-79 所示。

图 8-1-79

步骤 34：如图 8-1-80 所示使用"横排文字工具"在"会员专享"区域输入文字并设置格式，使用"矩形工具"绘制矩形，为文字及形状图层编组，命名为"VIP"，图层内容如图 8-1-81 所示。客服区整体效果如图 8-1-82 所示，整体图层内容如图 8-1-83 所示。

图 8-1-80

图 8-1-81

图 8-1-83

图 8-1-82

步骤 35：折叠"客服"图层组，在其上方新建一图层组，命名为"新品热荐"，与"客服"同级别。仿照"人气热卖精品"的方法，使用"素材 0801\17.png""素材 0801\18.jpg""素材 0801\19.jpg""素材 0801\20.jpg""素材 0801\21.jpg"和"素材 0801\22.jpg"，完成"新品热荐"区的制作，编辑效果如图 8-1-84 所示，图层内容如图 8-1-85 所示。

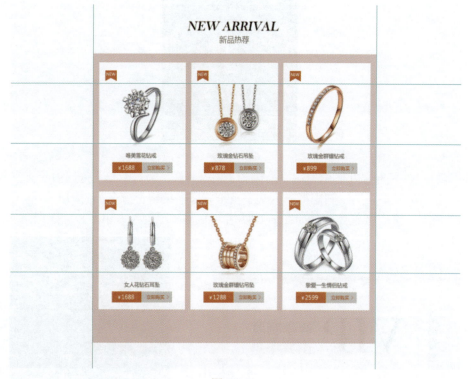

图 8-1-84

步骤 36："新品热荐"中的"新品 1"编辑效果如图 8-1-86 所示，图层内容如图 8-1-87 所示。

图 8-1-85 图 8-1-86 图 8-1-87

步骤 37：折叠"新品热荐"图层组，并在其上方新建一图层组，命名为"店铺特色"，与"新品热荐"图层组同级别。运用为渐变色图层创建剪贴蒙版的方式，制作渐变的菱形框，编辑效果如图 8-1-88 所示，图层内容如图 8-1-89 所示。

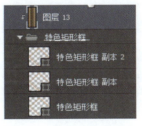

图 8-1-88 图 8-1-89

步骤 38：为店铺特色中的菱形框添加文字并设置格式，编辑效果如图 8-1-90 所示，图层内容如图 8-1-91 所示。

图 8-1-90 图 8-1-91

步骤 39：在店铺特色框的下方，应用为图片创建剪贴蒙版的方式，使用"素材 0801\23"

和"素材 0801\24"，制作两张店铺特色图，编辑效果如图 8-1-92 所示，图层内容如图 8-1-93 所示。店铺特色区整体效果如图 8-1-94 所示，整体图层内容如图 8-1-95 所示。

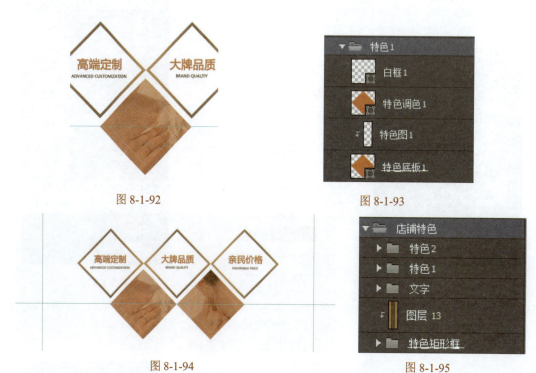

图 8-1-92   图 8-1-93

图 8-1-94   图 8-1-95

步骤 40：折叠"店铺特色"图层组，在其上方创建一新图层组，命名为"页面底部"。在"店铺特色"区的下方，使用"横排文字工具"输入文字并设置格式，使用"矩形工具"绘制框线，使用"直线工具"绘制三段直线，再使用"钢笔工具"绘制多个图形，页面底部的整体效果如图 8-1-96 所示。至此为止，整个珠宝配饰店铺的首页制作完成，效果如图 8-1-1 所示。

图 8-1-96

8.2　拓展项目 蓝色数码店铺首页设计

【设计理念】

◆ 该案例(如图 8-2-1 所示)在数码产品常用的蓝色系基础上进行变化，加入数码相机用于户外拍摄的功能属性，选取符合主题的背景和广告词，达到和谐统一的效果(使用素材 0802)。

◆ 运用平台效果营造出数码相机摆放的空间感。运用对角线布局两款热销爆款商品、超值优惠套装商品，突出重点的同时又有变化。

◆ "收藏"模块通过礼盒和优惠券的元素，可以为店铺提升转化率。

图 8-2-1

8.3 课 后 思 考

8.3.1 思政思考

如果能吸引访客在网店首页的页面上多浏览一会儿，并使他们点击进入下一个链接，那么网店首页装修的目标就达到了。这个目标看似简单，却对网店首页在多数访客面前扮演的"起点"角色的肯定！网店美工们必须从客户的需求出发，建立店铺的信誉，使用客户喜好的色彩渲染点缀页面，运用他们习惯的方式合理布局，展示出精美又真实的商品图片，并且撰写富有吸引力的文本，满足客户的期望，让他们能寻找到自己真正想要的商品，并能很方便地进入商品详情页面并进行购买。

设计装修网店首页是一项富有挑战的艰巨任务，这就要求网店美工成为一个有责任有担当、能吃苦耐劳的多面手，不仅技术上要有一定的经验积累，内容上要熟悉店铺和商品的特色及销售数据，还要懂得客户的想法，更重要的是具备较强的创新意识，能别出心裁地设计出让人眼前一亮的页面，让访客享受在店铺页面徜徉的快感。只有这样，才能赢得更多客户的信任和关注，勾起他们的购物欲望，从而深入了解店铺活动和商品信息，最终达到交易的目的。

8.3.2 技能思考

不同的网络平台上，各家店铺都使出浑身解数来装修自己的首页，以达到提高客户信任度、留住客户、降低跳转率、提升点击率和成交率的目的。

(1) 请大家到常用的网络平台上找几个喜欢的、优秀的店铺首页，并将其以图片的形式保存。

(2) 对比上述网店首页中的框架组成、配色方案等，分析各家网店首页的特色和优势。

项目九 移动端店铺首页的设计

随着移动网络与手机营销的快速发展，传统的互联网 PC 端电商不断被颠覆，如今的移动互联网正在以前所未有的速度改变着人们的购物和生活体验。与 PC 端相比，手机购物的占比逐年攀升。手机购物已经成为人们网上购物的主流。由于手机屏幕大小的限制，在设计移动端网店装修的时候，不能简单地将电脑端的店铺直接搬到手机端来，这样会导致效果不佳，影响顾客的购物体验。所以在设计移动端店铺的时候要对 PC 端的店铺进行优化。

1. PC 端与移动端的区别

PC 端与移动端主要有以下几点区别：

(1) 访问深度和时长。进入 5G 时代以及无线 WIFI 覆盖率的不断增长，使得手机上网的带宽与流量限制越来越小，手机的购物便捷性也将越来越多的人群吸引到网络购物的大潮中来。老年网络购物人群逐年上升，网络购物不断向全民购物、24 小时购物发展。相对 PC 端而言，无线端的访问深度更深，在线时长更长。

(2) 点击率。正常情况下手机端的点击率会高于 PC 端 5 倍左右，热门类目甚至更高。其主要原因在于：PC 端的可视范围较大，消费者容易被其他因素吸引；手机端的可视范围小，商品集中，更能提高销量。屏幕的大小决定着用户面对的信息量的多少，在 PC 端第一眼获取的信息远大于移动端。移动端面对的屏幕小，意味着信息的重新布局。PC 端上的信息要做整合之后才能在移动端得到良好的展示。

(3) 商品排名。PC 端直通车展示位虽然比手机端要多，但流量太分散；而手机展示位较少，流量集中，所以排名靠前，点击率也会增多。

2. 移动端店铺装修要点

(1) 设计目的。使用手机购物的人群多数是利用闲散时间在浏览相关的购物 APP，一般浏览时间不会太长，这就要求店铺在设计页面时要简洁明了，突出产品卖点和优势，让消费者一眼就能看明白，并有继续浏览的欲望。

(2) 图片大小。虽然流量包月与 WIFI 使用得越来越多，但是绝大多数用户对于流量的使用还是相当谨慎的。在图片的制作方面，我们需要在不影响观感的前提下尽量优化图片的大小。一方面要减少流量；另一方面要提高用户体验。

(3) 色彩的选择。不同的色彩代表不同的氛围、不同的视觉感受。即使是同一色系，不同明度表达出来的效果也可能有天壤之别。好的色彩选择能够吸引顾客，继而提升营销效果。手机端的颜色偏暗，所以在选择色彩的时候，应尽量选择一些高明度或者纯度较高的色彩。

(4) 图文搭配排版技巧。图片构成元素要有度，字体最好在两种左右；颜色不在多，在于统一和谐，适当留白；注意放大细节和局部，由于手机整体面积小，采用图文混排，图片为主，让画面看起来变得高端大气。

9.1　婚纱移动端店铺首页的设计

本项目为婚纱店铺的装修，需要呈现温馨浪漫又唯美的视觉效果，否则会影响顾客的浏览欲望，项目以玫瑰粉与紫红色为主色调，体现出女性高贵典雅的特性，凸显婚纱的品质与情调。图 9-1-1、图 9-1-2、图 9-1-3 所示为婚纱移动端店铺首页效果图的三个部分，分别是店招与海报、焦点图、新品上架与销量排行榜。

图 9-1-1

图 9-1-2

图 9-1-3

9.1.1　设计理念

◆ 店招与商品海报将出现在手机端的第一屏上，它们的作用尤为重要。本案例的店招
LOGO 以百合花为原型，两层共六片花瓣。百合花素有"云裳仙子"之称，外表高

雅纯洁，又有百年好合的寓意，非常应景。店铺名称中英文结合，配以简单的横条与花朵装饰，体现出店铺高端大气的特质。

◆ 商品海报是产品信息的大图展示区，通过模特展示婚纱效果，辅以描述性文字，并在文字正文配上半透明的矩形框，体现唯美意境。

◆ 设计两张焦点图，分别以右图左文、左图右文的形式形成对比。同时，根据焦点图展示的婚纱类型搭配不同的字体，设计标题、副标题、说明文字、活动信息，并使用不同的字体、字号、颜色、修饰形状进行排版，展示婚纱的风格。

◆ 新品上架和销量排行榜专区罗列了当季销量最多的产品与新品样式，顾客可以根据需要直接联系客服定制。这里使用剪贴蒙版来限制图片的大小，使该区域图片的大小一致，风格统一。

9.1.2 工具方法

◆ 使用 AI 来绘制 LOGO 形状，简单方便，与 Photoshop 衔接性好。

◆ 通过图层蒙版来控制素材图片的显示效果，使用椭圆工具绘制形状并用高斯模糊产生商品阴影。

◆ 利用"渐变叠加""投影"等图层样式对绘制的形状进行修饰，使视觉更多样化。

9.1.3 实现过程

步骤 01：在 Photoshop 中新建一个文档，各项设置如图 9-1-4 所示。

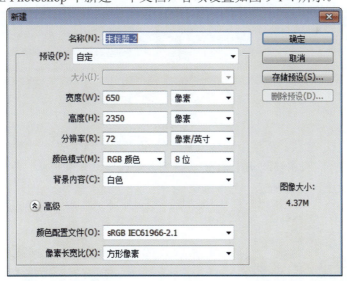

图 9-1-4

步骤 02：在 110 像素、150 像素位置创建两根水平参考线，使得两根参考线内部的宽度是 950 像素；在 120 像素位置处创建一根水平参考线。水平参考线的上方是本案例设计的店招部分，下方则是导航部分。

步骤 03-1：打开 AI，新建画布，选择基本 RGB 配置，使用椭圆工具绘制一宽度为 20 mm、高度为 40 mm 的椭圆，描边为无，填充颜色为 #F5D487，直接选择工具，选中上下两个锚点，点击属性栏工具将所选锚点转为尖角，如图 9-1-5 所示。

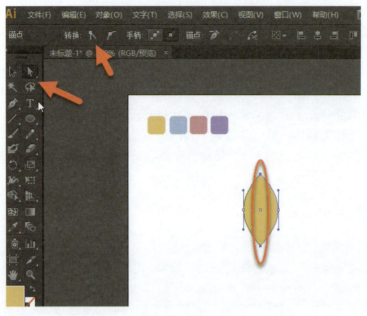

图 9-1-5

步骤 03-2：选择旋转工具，按 Alt 键点击最下面的锚点，在弹出的对话框中输入角度 120，点击复制生成第 2 个形状，再按 Ctrl + D 键一次生成图形，如图 9-1-6 所示。

图 9-1-6

步骤 03-3：全选形状，再使用旋转工具旋转 60°，复制生成一个副本，再用比例缩放工具等比缩小 90%，填充颜色 #BCA16C，排列到最底层，全选形状，旋转 15°，编组，复制，编辑效果如图 9-1-7 所示。

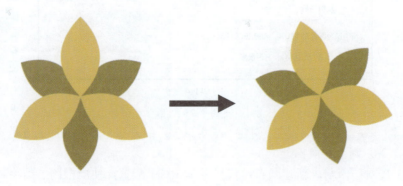

图 9-1-7

步骤 04-1：切换到 PS，设置前景色为 #B0C9E6，填充背景图层，选择"编辑"→"粘贴"，粘贴为智能对象，水平垂直方向缩放 30%，拖入左上角，并依次为图层添加"内阴影""内发光""投影"图层样式，具体设置参数如图 9-1-8、图 9-1-9、图 9-1-10 所示，编辑效果如图 9-1-11 所示。

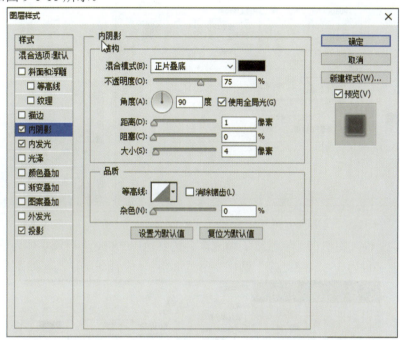

图 9-1-8

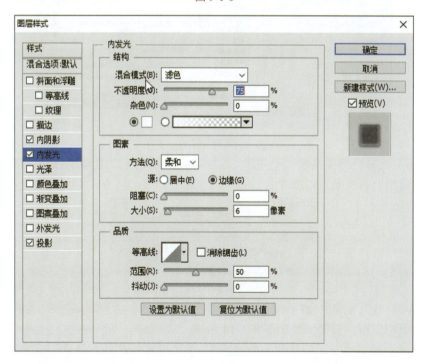

图 9-1-9

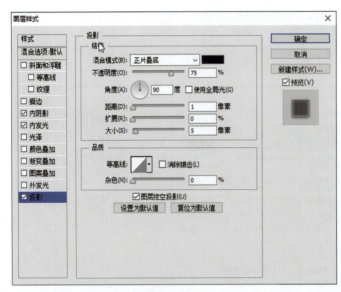

图 9-1-10   图 9-1-11

步骤 04-2：输入文字"百合之家"，填充颜色为红色(#ff0000)，设置字体为华康少女体，"百合"两字字号为 36 点，"之家"两字字号为 24 点，设置图层样式，如图 9-1-12 所示。

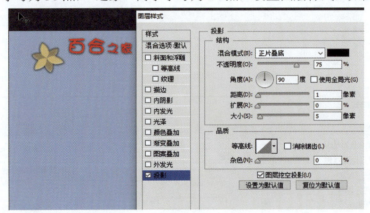

图 9-1-12

步骤 04-3：选择矩形工具绘制一矩形，宽为 130 像素、高为 2 像素，填充颜色为 #444444，在文字下方绘制一条线条，如图 9-1-13 所示。

图 9-1-13

步骤 04-4：输入文字"LILY HOUSE"，颜色为白色，字体设置如图 9-1-14 所示。可适当自己调整大小间距，设置参数如图 9-1-14 所示。

步骤 04-5：输入文字"婚纱礼服旗舰店"，字体设置如图 9-1-15 所示，颜色为白色，设置参数如图 9-1-15 所示。

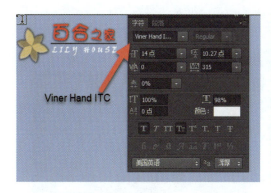
图 9-1-14

图 9-1-15

　　步骤 04-6：绘制矩形，宽度为 154 像素、高度为 26 像素，填充颜色为 #444444，衬在文字下方，与文字水平垂直对齐，编辑效果如图 9-1-16 所示。

　　将 04 步骤生成的图层按 Shift 键全选后建组，取名为"LOGO"

图 9-1-16

　　步骤 05-1：绘制宽度为 100 像素、高度为 80 像素的矩形，填充为 #444444，拖入到水平标尺 400 像素位置，如图 9-1-17 所示，为图层添加"投影"图层样式，设置参数如图 9-1-18 所示。

图 9-1-17

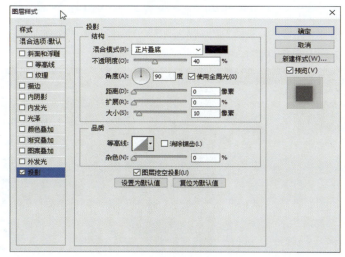
图 9-1-18

步骤 05-2：输入文字"收藏有礼"，设置颜色为白色，其他设置如图 9-1-19 所示。

步骤 05-3：输入文字"联系客服，返现 10 元"，设置颜色为白色，其他设置如图 9-1-20 所示。

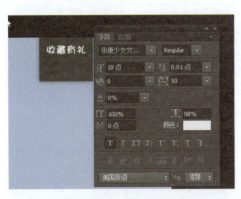

图 9-1-19　　　　　　　　　　　　图 9-1-20

步骤 05-4：绘制矩形，填充为无，描边为 1 点，线型为虚线，宽度为 70 像素，高度为 33 像素，与上面的文字水平垂直对齐，如图 9-1-21 所示。

图 9-1-21

将步骤 05：将产生的三个图层建组，取名为"收藏"。

步骤 06：选择"文件"→"置入"，置入图片"素材 0901\百合花 1.png"，缩放 25%，水平翻转，图层混合模式选择正片叠底，拖入右则，如图 9-1-22 所示。

图 9-1-22

将背景外的所有图层按 Shift 键选中后建组，取名为"店招"。

步骤 07-1：使用"矩形工具"绘制一个矩形，填充色为 #444444，无描边。矩形宽度为 650 像素，高度为 40 像素，放在两根参考线之间，编辑效果如图 9-1-23 所示。

图 9-1-23

步骤 07-2：输入文字"首页""宝贝""新品""活动""视频""微淘"，其字体为微软雅黑，字号为 24 点，首页颜色为黑色，其他均为白色，水平平均分布，垂直对齐，如图 9-1-24 所示。

图 9-1-24

步骤 07-3：绘制宽度为 70 像素、高度为 40 像素的矩形，颜色为 #d1c0a5，垫于首页下方，与首页水平垂直居中对齐，如图 9-1-25 所示。

图 9-1-25

将步骤 07 生成的图层选中后建组，取名为"导航"。

步骤 08-1：绘制宽度为 650 像素、高度为 470 像素的矩形，填充颜色为 #dd8ba2，拖至导航条下方，如图 9-1-26 所示。置入图片"素材 0901\海报模特.png"，缩放 45%，拖入矩形左侧合适位置，编辑效果如图 9-1-26 所示。

图 9-1-26

步骤 08-2：绘制一椭圆，颜色为 #444444，衬于模特脚下，如图 9-1-27 所示。

图 9-1-27

步骤 08-3：栅格化椭圆图层，选择"滤镜"→"模糊"→"高斯模糊"，设置半径为 10，虚化椭圆，编辑效果如图 9-1-28 所示。

图 9-1-28

步骤 08-4：为图层添加蒙版，设置画笔为黑色，笔尖硬度为 0，透明度为 20%，流量为 30%，笔尖为合适大小。擦除多余部分，使阴影更有层次感，编辑效果如图 9-1-29 所示。

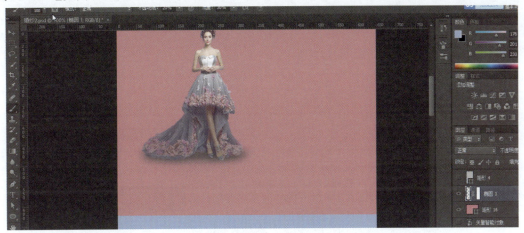

图 9-1-29

步骤 08-5：绘制矩形，其宽度为 180 像素，高度为 330 像素，填充颜色为 #d2d2d2，调整图层不透明度为 30%，拖入右面合适位置，如图 9-1-30 所示。

图 9-1-30

步骤 08-6：输入文字"INK""RHYME"，设置字体为宋体，颜色为黑色，输入文字"初夏新品"，字体为宋体，颜色为白色，绘制一黑色矩形，衬于"初夏新品"下方，调整合适大小与对齐方式，文字排版布局如图 9-1-31 所示。

图 9-1-31

步骤 08-7：输入文字"一生一次 只因有你"，设置字体为黑体，颜色为白色，绘制黑色线条与矩形作为修饰，如图 9-1-32 所示。

图 9-1-32

步骤 09-1：切换到 AI，绘制优惠券底层图形。

(1) 绘制矩形。绘制一宽度为 630 像素、高度为 105 像素的矩形，填充颜色为 #eec3ca，编辑效果如图 9-1-33 所示。

图 9-1-33

(2) 绘制两个椭圆。绘制一高度为 8 像素、宽度为 5 像素的椭圆，填充为红色，复制一份，填充为黄色。将两个椭圆顶部对齐，并排排列，移至矩形上边线，圆中心点与矩形上边线水平对齐，编辑效果如图 9-1-34 所示。

图 9-1-34

(3) 按 Alt 键平移复制两个椭圆，再按 Ctrl + D 键铺满上边，编辑效果如图 9-1-35 所示。

图 9-1-35

(4) 用复制及旋转的方法将两个椭圆辅满四周，编辑效果如图 9-1-36 所示。

图 9-1-36

(5) 单击选择任一红色圆，选择菜单"选择"→"相同"→"填充颜色"，将所有红色椭圆选中后删除，编辑效果如图 9-1-37 所示。

图 9-1-37

(6) 打开路径查找器面板，全选形状，点击减去顶图图形按钮，编辑效果如图 9-1-38 所示。

图 9-1-38

步骤 09-2：绘制分隔虚线。

(1) 使用直线工具，描边黑色。单击画布，粗细为 1 pt，方向为 90°。打开描边属性对话框，勾选虚线，在下面的第一个文本框中输入 2 pt，绘制一条垂直虚线，拖至矩形左边，与矩形左边、顶部对齐，设置参数如图 9-1-39 所示，编辑效果如图 9-1-40 所示。

图 9-1-39   图 9-1-40

(2) 选中虚线，按 Alt 键复制四份，最后一根虚线与矩形右边对齐，编辑效果如图 9-1-41 所示。

图 9-1-41

(3) 全选 5 根虚线，水平居中分布，顶部对齐，再把左右两根删除，编辑效果如图 9-1-42 所示。

图 9-1-42

步骤 09-3：绘制剪刀。

(1) 绘制一椭圆，用比例缩放工具等比缩小 70%，用路径查找器减去顶层，挖空椭圆，再将椭圆旋转 −30°，绘制步骤如图 9-1-43 所示。

图 9-1-43

(2) 使用钢笔工具绘制三角形状，并将其移动到椭圆右侧，使用路径查找器联集。用镜像工具复制生成右半部分，绘制步骤如图 9-1-44 所示。

图 9-1-44

（3）将剪刀复制 2 份后放在 3 条虚线下端，编辑效果如图 9-1-45 所示。

图 9-1-45

步骤 09-4：输入优惠券文字及对应形状，字体、颜色、大小及对齐方式自行搭配，编辑效果如图 9-1-46 所示。

图 9-1-46

步骤 09-5：将优惠券全选后复制，切换到 PS，以智能对象方式粘贴后放于海报底部，居中对齐。编辑效果如图 9-1-47 所示。

图 9-1-47

将 09 步骤产生的所有步骤建组，取名为"海报"，编辑效果如图 9-1-48 所示。

图 9-1-48

步骤 10：复制导航条中的灰色矩形框，拖出图层组，并将它放在海报下方，输入文字，绘制箭头，文字颜色为白色，字体相关设置如图 9-1-49 所示。将该步骤颜色的四个图层建组，取名为"分隔条 1"。

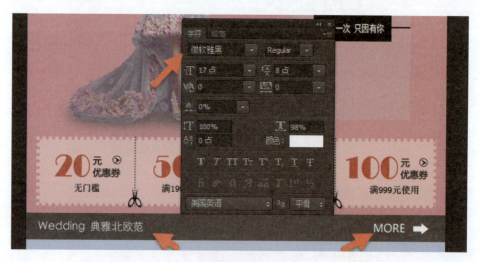

图 9-1-49

步骤 11-1：置入"素材 0901\婚纱 1.jpg"文件，将其拖入到灰色矩形下方，绘制矩形，使用添加锚点工具，在水平 200 像素的位置处添加一个锚点，编辑效果如图 9-1-50 所示。

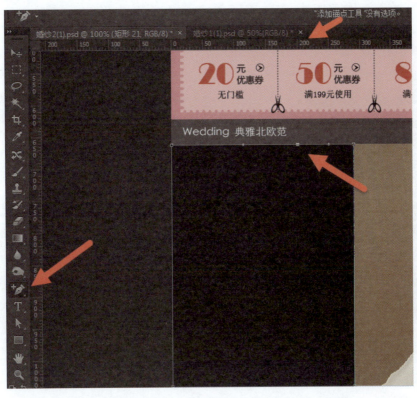

图 9-1-50

步骤 11-2：使用直接选择工具选中右上角的锚点，按 Delete 键删除，调整图层不透明度为 70%，编辑效果如图 9-1-51 所示。

图 9-1-51

步骤 11-3：使用矩形工具绘制一宽度为 10 像素、高度为 378 像素的矩形，填充黑色，不透明度调整为 60%，选择"编辑"→"自由变换"→"斜切"，调整矩形斜度与第一个矩形一致，放至右侧，编辑效果如图 9-1-52 所示。

图 9-1-52

步骤 11-4：添加焦点图文字。

(1) 添加文字"Ink Rhyme"，颜色为#886a38，设置参数如图 9-1-53 所示。

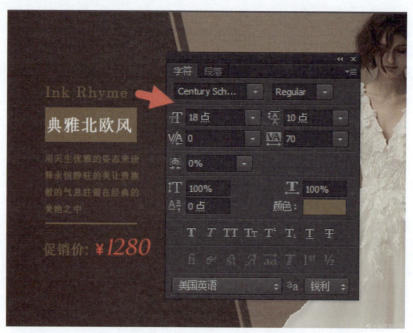

图 9-1-53

(2) 添加文字"典雅北欧风"，颜色为白色，设置参数如图 9-1-54 所示。

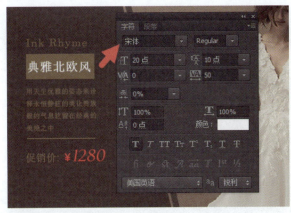

图 9-1-54

(3) 添加文字"用天生优雅的姿态来诠释永恒静驻的美，让贵族般的气息驻留在经典的美艳之中"，颜色如上一步骤，其他参数如图 9-1-55 所示。

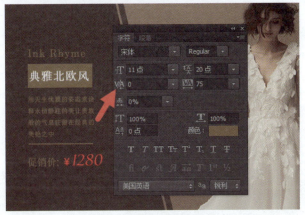

图 9-1-55

(4) 添加文字"促销价"，颜色设置同上一步骤，其他参数如图 9-1-56 所示。

图 9-1-56

(5) 添加文字"￥1280",颜色为红色,其他参数如图 9-1-57 所示。

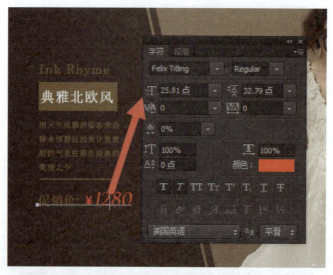

图 9-1-57

绘制矩形与线条按图 9-1-57 所示进行修饰。将步骤 11 产生的图层建组,取名为"焦点图"。

步骤 12:复制"分隔条 1"图层组,拖至焦点图下方,将将左侧文字改为"ROBE 时尚中国风",修改图层组名称为"分隔条 2"。

步骤 13-1:复制"焦点图"图层组,改名为"焦点图 2",拖至分隔条 2 下方。将两个梯形图层水平翻转,拖至右侧,文字也拖至右侧,删除原来的模特图,置入图片"素材 0901\礼服展示图 1.jpeg",编辑效果如图 9-1-58 所示。

图 9-1-58

步骤 13-2:修改文字"时尚中国红"以及"弥留的古韵,时尚的典雅,成就了魅力般的红色,飘逸、灵动、自然"和"促销价:￥980"。其编辑效果如图 9-1-59 所示。

图 9-1-59

步骤 13-3：为图片添加光线效果。

(1) 选择"礼服 1"图层，选择矩形选框工具，样式为"固定大小"，宽度为 1 像素，高度为 200 像素，在左上角做一个选区，编辑效果如图 9-1-60 所示。

图 9-1-60

(2) 按 Ctrl＋J 键复制一层，按 Ctrl＋T 键打开自由变换，往右拉出一个矩形，并旋转一定的角度，编辑效果如图 9-1-61 所示。

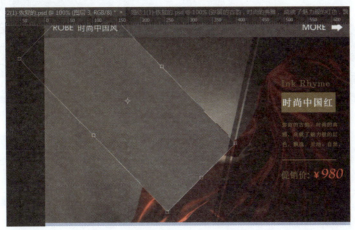

图 9-1-61

(3) 调整图层混合模式为滤色，不透明度为 60%，编辑效果如图 9-1-62 所示。

图 9-1-62

步骤 14：复制"分隔条 2"图层组，并将其拖至焦点图下方，将左侧文字改为"New Arrivals 新品上架"，图层组名称改为"分隔条 3"，编辑效果如图 9-1-63 所示。

图 9-1-63

步骤 15-1：绘制两个宽度为 260 像素、高度为 400 像素的矩形，置入"素材 0901\婚纱 2.jpg"和"素材 0901\婚纱 3.jpg"，与矩形分别创建剪贴蒙版，合理安排对齐方式。绘制一个宽度为 260 像素、高度为 50 像素的矩形，填充颜色为黑色，不透明度为 50%。添加文字"促销价￥788.00"，注意文字字号对比。将文字复制一份，修改价格为"促销价￥1099.00"，为两个矩形添加描边与投影，参数设置如图 9-1-64、图 9-1-65 所示，编辑效果如图 9-1-66 所示。

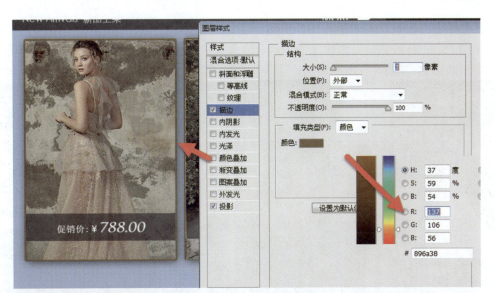

图 9-1-64

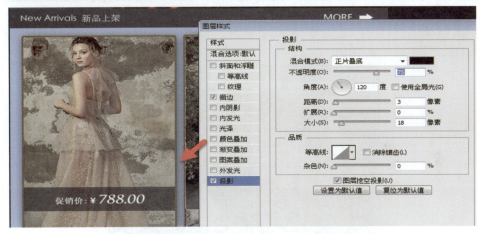

图 9-1-65

图 9-1-66

步骤 15-2：在右侧使用竖排文字工具，输入文字"紧跟潮流步伐，引领婚纱时尚"，文字颜色为黑色，参数设置如图 9-1-67 所示。

步骤 15-3：在右侧使用竖排文字工具，输入文字"新品 热卖"，"新品"填充白色，字体为华康新综艺，"热卖"填充黑色，字体为微软雅黑，其他设置如图 9-1-68 所示。

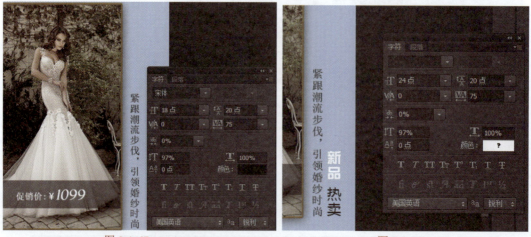

图 9-1-67　　　　　　　　　　　　　　　　图 9-1-68

步骤 15-4：在"新品"文字下方绘制一矩形，其宽度为 30 像素，高度为 60 像素，颜色为#444444，与新品水平居中对齐，编辑效果如图 9-1-69 所示。

图 9-1-69

将本步骤产生的图层建组，取名为"新品上架"。

步骤 16：复制"分隔条 3"图层组，并将其拖至焦点图下方，将左侧文字改为"Ranking List 礼服销量排行榜"，图层组名称改为"分隔条 4"，编辑效果如图 9-1-70 所示。

图 9-1-70

　　步骤 17-1：绘制一圆角矩形，其宽度为 190 像素，高度为 300 像素；圆角半径为 5 像素，填充白色，按 Ctrl＋J 键复制一层；选择矩形工具，在属性栏中选择"减去顶层形状"，切除下面约 80 像素的形状，编辑效果如图 9-1-71 所示。

　　步骤 17-2：置入"素材 0901\礼服展示图 1.jpg"，按 Shift 键缩小图片，与矩形创建剪贴蒙版，编辑效果如图 9-1-72 所示。

图 9-1-71

图 9-1-72

　　步骤 17-3：输入文字"2020 新款香槟色宴会气质敬酒晚礼服"，颜色为黑色；输入文字"￥358.00"，颜色设置为红色。其他设置如图 9-1-73、图 9-1-74 所示。

图 9-1-73

图 9-1-74

步骤 17-4：在自定义形状工具中找到形状"标志 5"，绘制标志，宽度与高度均设置为 30 像素，并添加内阴影效果，填充为红色，参数设置如图 9-1-75 所示。

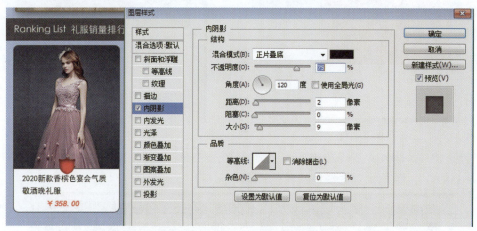

图 9-1-75

步骤 17-5：输入文字"1"，颜色为白色，其他设置如图 9-1-76 所示。将步骤 17 开始创建的图层建组，取名为"礼服 1"。

图 9-1-76

步骤 17-6：按 Ctrl＋J 键复制两个图层组，将它们水平居中分布，修改图片与文字，编辑效果如图 9-1-77 所示。

图 9-1-77

步骤 18：绘制圆角矩形，其宽度为 300 像素，高度为 40 像素，圆角半径为 5 像素，填充颜色为#444444；输入文字"查看全部宝贝"，颜色为白色；其他设置如图 9-1-78 所示。

图 9-1-78

使用对齐工具将文字形状对齐。

案例制作完毕。

9.2　拓展项目　酷豆母婴用品店铺首页的设计

【设计理念】

◆ 本案例(使用素材 0902)在色彩搭配上使用了蓝色与绿色两种主色调。绿色突出健康、生机；蓝色体现科技时尚感，烘托出店名"酷豆"中的"酷"字。栏目用色为两种主打色交替出现，色彩和谐又不显得单调。

◆ 店铺 LOGO 简洁明了，图形部分用小孩形状线框图标设计，配合文字变形，"豆"

字中的偏旁配上调皮吐出的舌头，紧贴主题。移动端首页效果如图 9-2-1 所示。

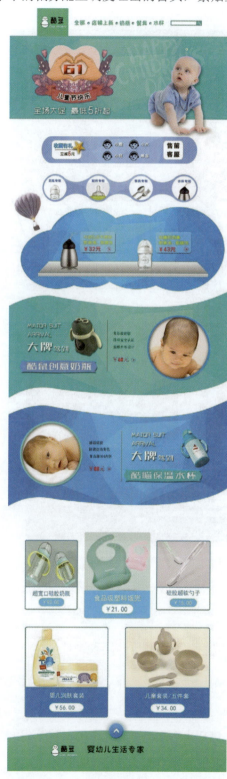

图 9-2-1

9.3　课后思考

9.3.1　思政思考

移动端店铺首页内容较多，制作过程比较繁琐，每个模块都需要精雕细刻。因此，制作时要有大局观，才能使整个页面用色布局合理、合规、视觉统一。网店美工们需要平时就通过大量的案例来提升审美能力，并且要掌握基本的配色方法与页面对齐布局的技巧。

职业素养包含以下四个方面：职业道德、职业思想(意识)、职业行为习惯、职业技能。前三项是职业素养中最根基的部分，而职业技能是支撑职业人生的表象内容。在这个案例中，希望大家能注重职业意识与职业行为习惯的培养，只有不停地训练，不断地积累，才能更好地提升自己的职业技能。

9.3.2　技能思考

淘宝平台移动端店铺的首页制作，一般有两种方法：一种较简单的方法是按照平台的要求分块上传图片，还有一种是本案例介绍的制作完整的首页图，再进行切图后处理。请大家通过实践或百度搜索了解并掌握移动端店铺首页的装修方法。

项目十　移动端宝贝详情页设计

10.1　玩具魔方移动端宝贝详情页设计

移动端店铺的详情页与 PC 端店铺的商品详情页有着相同的设计思路。在借鉴 PC 端店铺商品详情页设计方法的基础上，要注意迎合移动端的特点，控制好描述文字的大小与简洁程度，避免文字过小、过密使移动端买家不能很好地接收商品信息，造成流量的流失。手机端详情页的尺寸宽度一般为 620 像素，一屏高度不超过 960 像素。

下面通过设计玩具魔方移动端详情页来介绍移动店铺详情页的具体设计方法与技巧。魔方作为一款益智玩具，其详情页设计不仅要体现商品的构造和特性，同时还要突出玩具色彩及易玩易学的优势，设计效果如图 10-1-1 所示。

图 10-1-1

10.1.1 设计理念

◆ 通过产品信息介绍商品的特质、特性等基本功能，使买家可以快速了解产品。
◆ 通过不同细节的展示突出商品的卖点与优势，引导买家购买商品。
◆ 以买家利益为中心，告知并强调买家购买商品后会得到的利益，激发买家购买欲望。
◆ 配合相关宝贝的推荐，提高用户的转化率。

10.1.2 工具方法

◆ 添加参考线来实现多个对象的对齐和区域限定，使得页面更整齐、更规范。
◆ 利用"渐变叠加""投影""图案叠加"等图层样式为对象增添效果。
◆ 通过"矩形工具"和"直线工具"等绘制不同形状，图文结合，丰富页面效果。

10.1.3 实现过程

步骤 01-1：在 Photoshop 中新建一个文档，各项设置如图 10-1-2 所示。

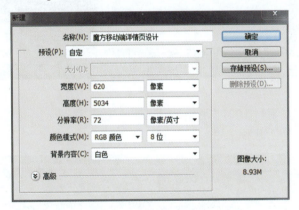

图 10-1-2

步骤 01-2：根据实际区域布局，在相应位置建立水平参考线，注意每个区域高度控制在 960 像素以内，如图 10-1-3 所示。

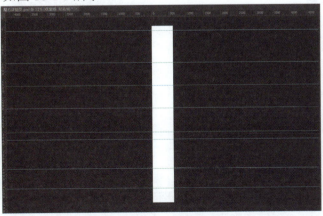

图 10-1-3

--制作优惠券区域--

步骤 02-1：设置前景色为(190，3，17)，选择矩形工具，以参考线为基准创建矩形，将图层命名为"底"，编辑效果如图 10-1-4 所示。

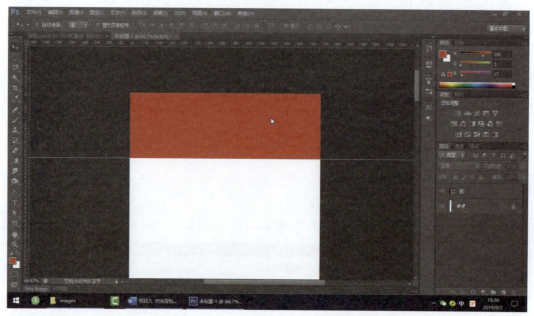

图 10-1-4

步骤 02-2：打开"素材 1001\天猫.png"图片，将其移动至当前文件内，形成图层 1，适当调整大小，放在红色矩形左侧，如图 10-1-5 所示。

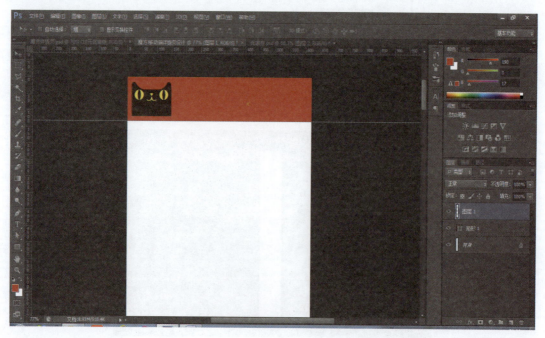

图 10-1-5

步骤 02-3：选择文字工具，在天猫图片内输入文字"优惠券抢先发放"，设置字体为黑体，字体颜色为(255，213，57)，适当调节字体大小。在红色矩形上方输入文字"六一欢乐购　优惠提前抢"，设置字体格式，如图 10-1-6 所示。

步骤 02-4：选择矩形工具，填充色设为(217，55，96)，绘制一个宽 150、高 68 像素的矩形，靠左输入"10 元优惠券"等文字，再绘制一宽 59、高 68 像素的黄色矩形，输入文字"点击领取"，选中相关图层按 Ctrl + G 键，建立图层组，取名为"10 优惠券"，如图 10-1-7 所示。

图 10-1-6

图 10-1-7

步骤 02-5：选择"10 优惠券"组，按 Ctrl + J 键复制图层组，并改名为"20 优惠券"，依次选中各图层，修改相对文字，并右移一定距离，创建"20 优惠券"区域；按同样的方法制作"50 优惠券"区域，选择"选择"工具，同时选中三个图层组，依次点击工具属性栏中"底对齐""水平居中分布"按钮，对齐且均分四区域，同时选中除背景外所有图层，按 Ctrl + G 键，建立图层组，取名为"优惠券"，如图 10-1-8 所示。

图 10-1-8

至此优惠券区域制作完毕。

--制作产品展示和产品信息区域--

步骤03-1：新建参考线，位置为水平方向266像素；选择文字工具，设置字体为黑体，字号为56，样式为浑厚，输入文字"你的竞速魔方"；添加渐变叠加图层样式，设置渐变色为(255，110，2)，(255，255，0)，(255，109，0)，参数设置如图10-1-9所示。添加投影图层样式，参数设置如图10-1-10所示。

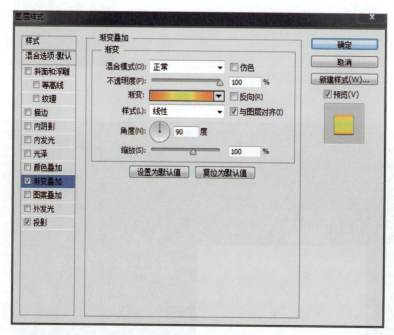

图 10-1-9

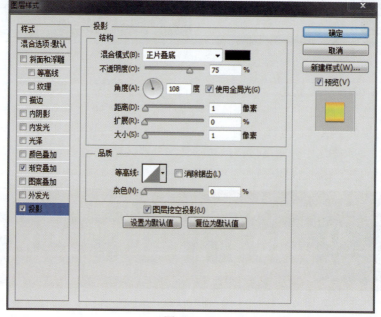

图 10-1-10

　　换行输入文字"竞速品质　顺滑手感"，设置字体为黑体，字号为32，样式为浑厚，颜色为(153，20，11)，完成后如图10-1-11所示。

图10-1-11

　　步骤03-2：制作品牌水印，在背景上输入品牌名称"JOYTOWN"，字体格式设置如图10-1-12所示。

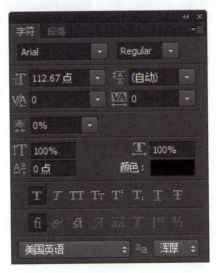

图10-1-12

　　同时为文字图层添加渐变叠加样式，渐变色为(242，242，242)、(235，235，235)、(246，246，246)，设置如图10-1-13所示。

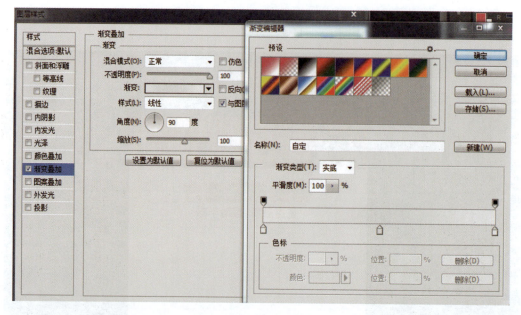

图 10-1-13

步骤 03-3：制作魔方水印，选择圆角矩形形状工具，设置半径为 3 像素，填充色为(236，236，236)，在背景上绘制一个宽 44、高 44 像素的圆角矩形。复制多次圆角矩形图层，移动位置排列成魔方形状，如图 10-1-14 所示。

步骤 03-4：选中所有圆角矩形图层，按 Ctrl＋G 键，建立图层组，取名为"魔方水印"。选中图层组，按 Ctrl＋T 键，调整魔方水印大小和位置，并旋转角度，如图 10-1-15 所示。

图 10-1-14   图 10-1-15

步骤 03-5：打开"素材 1001\魔方 1.jpg"，将其移动至当前文件中，调整大小和位置如

图 10-1-16 所示。选中相关文字、图片、水印图层，按 Ctrl + G 键，建立图层组，取名为"产品展示"，如图 10-1-17 所示。

　　步骤 03-6：新建参考线，位置在水平方向 743 像素处；选择文字工具，输入文字"产品信息"，设置字体格式如图 10-1-18 所示。

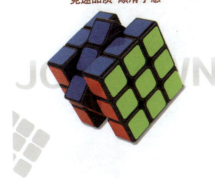

| 图 10-1-16 | 图 10-1-17 | 图 10-1-18 |

　　步骤 03-7：在"产品信息"文字下方绘制水平直线，选择直线形状工具绘制，填充色为黑色，粗细为 3 像素，移动至中间位置，如图 10-1-19 所示。

　　步骤 03-8：打开"素材 1001\魔方 2.jpg"，将其移动至当前文件中，调整大小和位置，如图 10-1-20 所示。

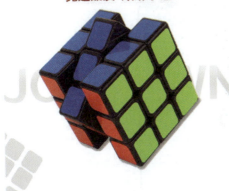

图 10-1-19

图 10-1-20

步骤 03-9：在图片左侧输入产品名称信息，绘制高为 22 像素、宽为 131 像素的矩形，填充色为"236，236，236"，选择文字工具，在矩形上输入"名称：魔方"，如图 10-1-21 所示。

步骤 03-10：将文字图层和矩形图层编组，取名为"名称"，在名称下方输入文字"颜色：彩色"，将名称图层和颜色图层分别复制，调整位置，修改文字内容，完成产品参数信息的输入，完成后将所有图层编组取名为信息，如图 10-1-22 所示。

图 10-1-21   图 10-1-22

完成后将所有产品信息相关图层编组，取名为"产品信息"。至此产品展示和产品信息区域制作完毕。

--制作产品细节展示区域--

步骤 04-1：参照参考线绘制矩形底，填充色设置为(49，49，51)，栅格化图层，单击"滤镜"→"杂色"→"添加杂色"，参数设置如图 10-1-23 所示。

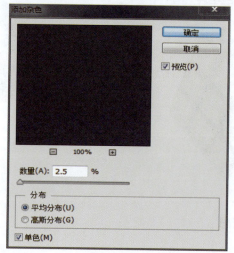

图 10-1-23

步骤 04-2：选择文字工具，输入"精度结构展示"，设置字体格式如图 10-1-24 所示，同时为文字添加渐变叠加，渐变色分别为(178，139，65)、(217，192，101)、(177，140，63)，具体设置如图 10-1-25 所示。

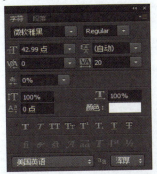

图 10-1-24

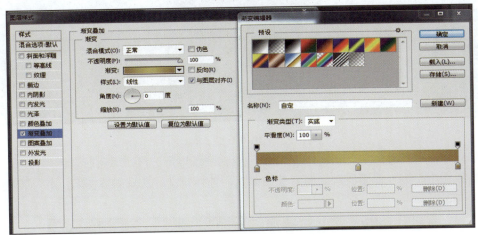

图 10-1-25

步骤 04-3：选择直线工具，在文字下方绘制短直线，添加渐变叠加，渐变色分别为(246，227，132)和(182，149，69)，具体设置如图 10-1-26 所示。

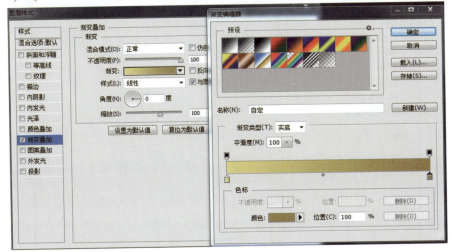

图 10-1-26

步骤 04-4：选择文字工具，输入图示文字，字体为黑体，字号为 18，字体颜色为白色，如图 10-1-27 所示。

图 10-1-27

步骤 04-5：新建图层，取名为"斜线"，绘制细条矩形选区，填充前景色为白色，自定义短斜线图案，为当前图层添加图案叠加样式，选择定义好的短斜线图案，具体设置如图 10-1-28 所示。

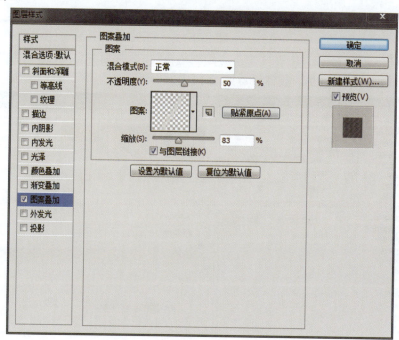

图 10-1-28

完成将上述 4 个图层编组, 取名为"文案"。

步骤 05-1: 打开"素材 1001\魔方 3.jpg", 将图片移动至当前文件, 调整图片大小和位置, 编辑效果如图 10-1-29 所示, 并为图片添加"投影"图层样式, 具体参数设置如图 10-1-30 所示。

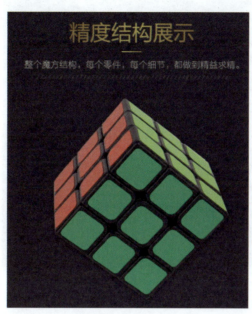

图 10-1-29

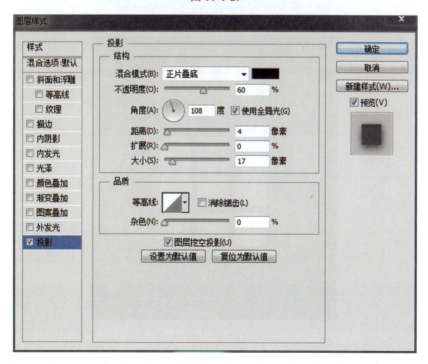

图 10-1-30

完成后将上述图层编组, 取名为"细节展示 1"。

步骤 05-2：参照参考线绘制矩形底，填充色设置为(23，23，23)，将"细节展示 1"中的文案图层组复制，移动位置，修改文字内容，如图 10-1-31 所示。

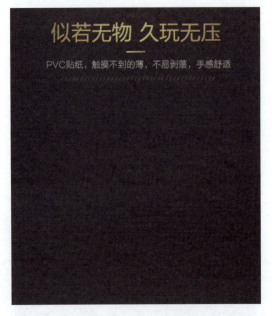

图 10-1-31

步骤 05-3：选择圆角矩形工具，设置半径为 15 像素，填充色为白色，绘制高为 75 像素、宽为 75 像素的圆角矩形，复制多次，调整位置设置对齐，完成魔方绘制，如图 10-1-32 所示。

图 10-1-32

步骤 05-4：选择文字工具，输入文字"触摸不到的薄"，设置字体为黑体，颜色为白色，字号为 18，在文字左右两侧各绘制一直线，效果如图 10-1-33 所示。

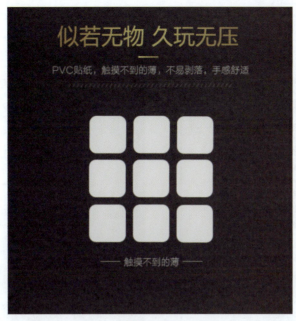

图 10-1-33

步骤 05-5：绘制多个宽 65 像素、高 65 像素的圆角矩形，水平垂直对齐，颜色分别设置为红、橙、黄、绿、蓝、白，图层编组命名为"色块"，如图 10-1-34 所示。

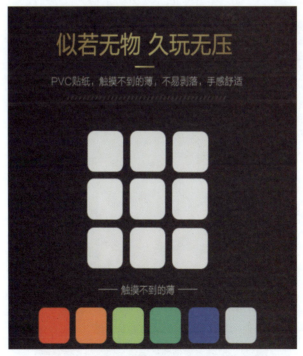

图 10-1-34

完成后将上述图层编组，取名为"细节展示 2"。

步骤 06-1：参照参考线绘制矩形底，填充色设置为(20，20，20)，栅格化图层，单击"滤镜"→"杂色"→"添加杂色"，参数设置如图 10-1-35 所示。

步骤 06-2：选择文字工具，字体为微软雅黑，字号为 43，颜色为白色，输入文字内容"顺滑 从容错开始"，下方绘制矩形框，框内输入文字"容错 30°"，调整字体格式，效果如图 10-1-36 所示。

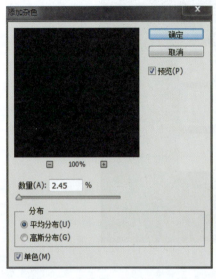

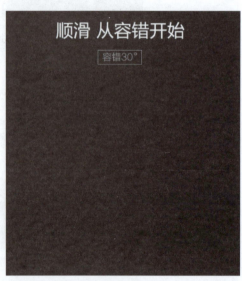

图 10-1-35   图 10-1-36

步骤 06-3：打开"素材 1001\魔方 4.jpg"，移动至当前文件内，适当裁剪，并调整位置和大小，将上述图层编组，取名为"细节展示 3"，编辑效果如图 10-1-37 所示。

图 10-1-37

步骤 06-4：打开"素材 1001\魔方 5.jpg"，选择裁剪工具适当裁切，移动至图示参考线位置，调整大小，编辑效果如图 10-1-38 所示。

图 10-1-38

步骤 06-5：新建图层，选择矩形选框工具，参照参考线大小绘制矩形选区，填充前景色为黑色，降低图层不透明度为 85%，编辑效果如图 10-1-39 所示。

图 10-1-39

步骤 06-6：参照前面步骤，在当前位置输入相关宣传标语，设置适当字体，将上述图层编组，取名为"广告文案"，编辑效果如图 10-1-40 所示。

图 10-1-40

步骤 06-7：选择文字工具，输入文字"单曲面圆角设计"，字体为黑体，字号为 43，颜色为黑色，在下方绘制黑色矩形，输入图示文字，字体设置为黑体，字号为 20，颜色为白色，字符间距为 20，编辑效果如图 10-1-41 所示。

图 10-1-41

步骤 06-8：两次置入"素材 1001\魔方细节 1.jpg"并做适当裁剪，再调整大小和位置，将上述图层编组，取名为"细节展示 4"，编辑效果如图 10-1-42 所示。

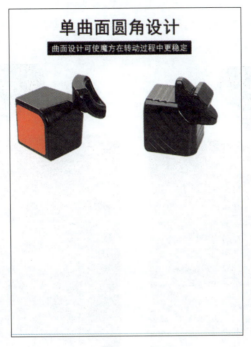

图 10-1-42

步骤 06-9：复制"细节展示 4"图层组，重命名为"细节展示 5"，移动位置，并修改文字内容，重新置入"素材 1001\魔方细节 2.jpg"，编辑效果如图 10-1-43 所示。

图 10-1-43

步骤 06-10：参照参考线区域大小绘制矩形，填充色设置为(190，3，17)，编辑效果如图 10-1-44 所示。

步骤06-11：选择文字工具，字体为黑体，字号为51，颜色为白色，输入文字内容"郑重承诺"，下方绘制白色矩形框，框内输入图示文字，调整字体格式，编辑效果如图10-1-45所示。

图 10-1-44   图 10-1-45

步骤06-12：选择椭圆工具，填充色设为白色，按住 Shift 键绘制圆形，圆形内输入文字"不满意"，将两个图层编组，取名为"不满意"，编辑效果如图10-1-46所示。

图 10-1-46

步骤06-13：复制 3 次"不满意"图层组，移动位置，修改圆形内文字内容，调整相应文字大小，编辑效果如图10-1-47所示。

图 10-1-47

步骤 06-14：在底部分别输入文字"只为您满意"和"Just to your satisfaction"，设置相应文字格式，同时将上述图层编组取名为"郑重承诺"，编辑效果如图 10-1-48 所示。

图 10-1-48

至此产品细节展示区域制作完毕。

－－制作相关宝贝区域－－

步骤 07-1：选择形状工具，绘制矩形底，填充色设置为(240，238，247)，打开"素材1001\恐龙玩具.jpg"，移动至当前位置，编辑效果如图 10-1-49 所示。

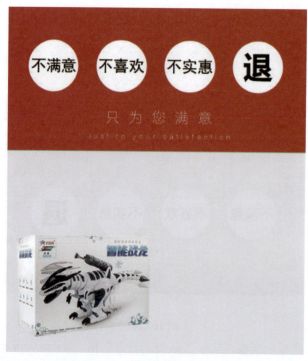

图 10-1-49

步骤 07-2：为图片添加投影样式，具体参数设置如图 10-1-50 所示。

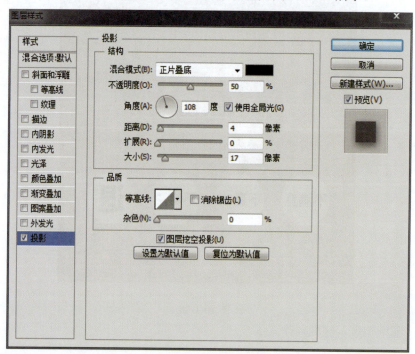

图 10-1-50

步骤 07-3：在图片上方居中绘制黑色边框矩形，输入文字"更多宝贝"，图片右侧输入名称、价格，设置相应字体格式，编辑效果如图 10-1-51 所示。

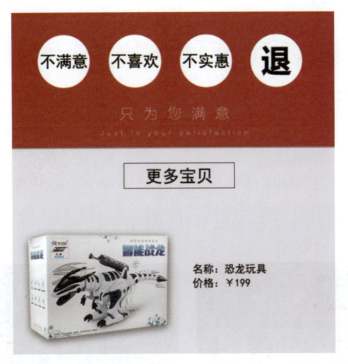

图 10-1-51

步骤 07-4：在价格下方绘制红色矩形，填充色为(190，3，17)，矩形内输入文字"了解详情"，选择自定义形状工具"箭头 6"，放置于矩形框右侧，填充色为白色，编辑效果如图 10-1-52 所示。

图 10-1-52

将上述图层编组，取名为"相关宝贝"。至此本案例全部设计完成。

10.2 拓展项目 手机壳移动端宝贝详情页设计

【设计理念】

◆ 界面整体以黑灰色调为主，加以红色点缀，突出了产品现代时尚的特点，选取符合主题的背景和广告词，达到和谐统一的效果。

◆ 选取手机壳多角度细节(素材 1002)展示，展现产品卖点。

◆ 设计好评展示和相关宝贝链接，可以为店铺提升转化率，丰富页面内容。详情页效果如图 10-2-1 所示。

图 10-2-1　效果展示

10.3　课后思考

10.3.1　思政思考

现在越来越多的买家选择通过移动端店铺进行网购，很多时候他们都是利用工作或学习的碎片时间浏览购买所需商品，因此在进行移动端宝贝详情页设计时，要尽量设计简洁的界面来迎合买家的需求。这样，从一定意义上节约了买家的时间，提高了买家的工作效率。移动端的产品推荐或活动页面链接必须保证精准，以防嵌入不良链接，导致买家或店铺遭受损失。保持移动端店铺的诚信尤为重要。

10.3.2　技能思考

相比 PC 端移动端产品详情页可以使买家更便捷地完成购物，这就要求其设计更加能够吸引买家眼球的商品图片。

(1) 在移动端天猫、京东商城上搜索玩具类目排名前五的店铺产品详情页设计，分析其有何优势。

(2) 假如要为某品牌手表的移动端店铺设计详情页，请简述你的设计理念及思路。

参 考 文 献

[1] 凤凰高新教育. 网店美工必读 Photoshop 淘宝、天猫、微店设计与装修实战 100 例：PC 端 + 手机端[M]. 北京：北京大学出版社，2018.

[2] 刘德华，吴韬. 网店美工[M]. 北京：人民邮电出版社，2018.

[3] 创锐设计. 网店美工实战手册：网店装修•平面广告设计•视频广告制作一本通[M]. 北京：机械工业出版社，2018.

[4] 孙红梅，汪健. 网店美工[M]. 北京：中国发展出版社，2018.

[5] 黑马程序员. 淘宝天猫店一本通：开店、装修、运营、推广[M]. 北京：清华大学出版社，2018.

[6] 六点木木. Photoshop 淘宝天猫网店美工一本通：宝贝 + 装修 + 活动图片处理[M]. 北京：电子工业出版社，2018.

[7] 曹培强，王凤展，卜彦波. 网店美工实操：淘宝天猫店铺设计与装修[M]. 北京：电子工业出版社，2018.

[8] 罗庚，王红蕾，谷鹏. 淘宝天猫网店美工实战[M]. 北京：机械工业出版社，2017.

[9] 童海君. 网店美工[M]. 北京：北京理工大学出版社，2019.

[10] 王颖. 网店视觉营销：配色方案 + 图片优化 + 页面设计 + 视频制作一册通[M]. 北京：中国铁道出版社，2018.

[11] 董随东，王淼静. 电子商务视觉营销[M]. 北京：清华大学出版社，2019.

[12] 淘宝大学. 网店视觉营销[M]. 北京：电子工业出版社，2013.